AF461975

LE CHAT,

HISTOIRE NATURELLE, — HYGIÈNE, — MALADIES.

TYPOGRAPHIE FIRMIN-DIDOT. — MESNIL (EURE).

BIBLIOTHÈQUE DE LA CHASSE ILLUSTRÉE.

GASTON PERCHERON.

LE CHAT,

HISTOIRE NATURELLE, — HYGIÈNE, — MALADIES.

L'Attila, le fléau des rats!
LA FONTAINE.

PARIS,
LIBRAIRIE FIRMIN-DIDOT ET Cie.
56, RUE JACOB, 56.
1885.

A JEAN-JACQUES PERCHERON.

Mon cher Enfant,

Tu aimes les animaux, je te dédie ce livre.

Je te dédie ce livre, dans lequel je me suis efforcé de réparer quelques injustices commises envers un bon animal par des écrivains, qui, j'en suis sûr, l'auraient traité tout autrement s'ils avaient consenti à lui accorder les faveurs de l'intimité.

Le chat est une bête méconnue.

Le chat, qu'on le sache bien, peut être pour l'homme un ami aussi doux, aussi caressant, aussi fidèle que le chien.

Voilà ce que j'ai dit.

Voilà ce que je voudrais qu'on répétât avec moi.

GASTON PERCHERON.

Paris, 31 août 1884.

LE CHAT.

PREMIÈRE PARTIE.

HISTOIRE NATURELLE.

CHAPITRE PREMIER.

CONSIDÉRATIONS HISTORIQUES ET GÉOGRAPHIQUES.

SOMMAIRE. — Un compatriote des Pharaons. — Le dieu chat; la déesse chatte. — Le temple des chats. — Ses mystères. — Les momies des hypogées. — Récits d'Hérodote et de Diodore de Sicile. — Une effigie féline. — Où le chat cède le pas à la belette et au furet. — Le chat d'après les agronomes latins. — Une supplique à l'empereur Auguste. — Considérations géographiques. — L'aire de dispersion du chat. — Chanté par Homère, vanté par Platon. — Le chat du Prophète. — L'hôpital de Bab-el-Nazr. — Le chat au moyen âge. — Incarnation des sorciers. — Le chat chez les modernes. — Un ami des grands hommes. — Curieuse épitaphe. — Une loi protectrice. — Légende indienne.

C'est de l'Égypte que nous vient le chat domestique, il suffit pour s'en convaincre de lire Hérodote, Aristote, Pausanias, Diodore de Sicile, etc.

C'est vers le temps de la treizième dynastie,

c'est-à-dire près de trois mille ans avant l'ère chrétienne, que le pays des Pharaons paraît avoir reçu cet animal qui semblait venir des pays du Nil supérieur.

Dès lors, il fut adopté à la fois comme animal sacré et comme familier de la maison. On le mit au rang des dieux et on lui éleva des autels. Après sa mort il était embaumé et enseveli à Bubastis, où il recevait les honneurs de l'apothéose. Tous les monuments de l'antique Égypte témoignent de cette vénération.

Mais il est à remarquer que cet animal différait spécifiquement du type domestique qu'on rencontre aujourd'hui dans la plupart des pays d'Europe.

Si le chat que nous connaissons descend, sans aucun doute, du chat sauvage de nos forêts, du *felis catus,* il est établi, comme le démontre Rüppel (1), que la souche originaire du chat domestique des anciens Égyptiens procède du *felis maniculata,* espèce qu'on rencontre encore, de nos jours, à l'état sauvage, dans le Soudan égyptien.

Le dieu chat était le dieu de la musique. Pourquoi cet apanage divin plutôt qu'un autre? C'est ce qu'on ne saurait expliquer, car les miaulements du chat n'ont jamais eu, qu'on sache, d'étroits rapports

(1) *Recherches sur l'histoire ancienne de nos animaux domestiques.* (*Annales des sciences naturelles,* t. XVII).

avec la mélodie. La déesse chatte représentait, — à ce choix rien à redire, — la déesse des amours. L'un et l'autre étaient figurés partout avec leur tête naturelle sur un corps d'homme ou de femme; le dieu chat tenait un sistre entre les mains.

Aussi bien, la beauté des femmes était d'autant plus appréciée qu'elle semblait se rapprocher davantage du type du chat. C'est pour cela, sans doute, que la statuaire égyptienne représente toujours la femme avec la face et le nez légèrement aplatis.

On voit encore à Beni-Hassan les restes d'un temple dédié à la déesse Pacht. Tout autour sont les hypogées des animaux qui lui étaient consacrés, c'est-à-dire des chats.

« Tous les héros de cette race, qui, pour être belle, ne méritait pas peut-être les honneurs divins, jonchent le sol de leurs momies desséchées. Leurs maîtres eussent bien mieux fait assurément de les écorcher d'abord et d'utiliser leurs fourrures; mais ils n'auraient pas cru rendre un hommage suffisant aux gardiens de leurs greniers, aux amis de leurs maisons. Les chats sont la vivante représentation des pénates et des lares; ils ressemblent aux dieux, car ils aiment les caresses et ne les rendent pas; il y a en eux je ne sais quoi de céleste et de mystérieux : ils voient la nuit comme le jour et leurs yeux clairs semblent des reflets des astres; tout leur corps récèle une lumière qui apparaît la nuit quand on leur passe la main sur le dos. C'est pourquoi la loi des emblèmes donna une tête de chatte ou de lionne et des yeux phosphorescents à Bubastis, nom sacré de la clarté qui ne vient pas du soleil, déesse lumineuse et nocturne; c'est pourquoi les chats lui sont consacrés. Ainsi les pontifes partageaient leurs soins entre la statue de Pacht et un peuple de chats qui grimpaient aux autels ou dormaient sur les genoux de la déesse. Aucun geste, aucune démarche de ces heureuses bêtes ne restait sans commentaires : des oracles étaient fondés sur leurs ébats et leurs miaulements, comme ailleurs sur le vol de l'ibis ou du vautour; ce sont les prêtres de Pacht qui ont les premiers reconnu l'imminence de la pluie, lorsque les chats passent leurs pattes par-dessus leurs oreilles (1). »

Ce sont ces mystères, dit la Fable, qu'Orphée révéla plus tard aux pontifes de la Grèce. Et c'est à eux que fait allusion le vieux Ronsard, quand il dit :

Mais parsus tout animal domestique,
Le chat a l'esprit prophétique,
Et faisoient bien ces vieux Égyptiens
De l'honorer . . . .

(1) H. Cammas et Lefèvre, *la Vallée du Nil,* Paris, 1862.

Hérodote (430 ans avant Jésus-Christ) dit en parlant de cet animal qu'il appelle *Aïoluros*, — c'est-à-dire, étymologiquement, l'animal qui dresse sa queue en panache : — « Si un incendie se déclare dans quelque maison égyptienne les gens s'occupent fort peu du feu et ne songent qu'à leurs chats. Ils les entourent et les surveillent, et si par malheur l'un d'eux s'échappe pour se jeter dans le feu, les Égyptiens jettent des cris lamentables. »

Et plus loin il ajoute : « Lorsqu'un chat meurt de mort naturelle tous les habitants de la maison se rasent les sourcils en signe de deuil. On place les chats morts dans les appartements sacrés, on les embaume et on les porte dans la ville de Bubastis. »

D'après le classement des momies on doit supposer qu'il y avait une sorte de hiérarchie parmi ces représentants de l'espèce féline. Les uns sont enroulés dans des bandelettes couvertes de caractères hiératiques plus ou moins laudatifs, tandis que les autres sont ensevelis pêle-mêle dans une même enveloppe et comme en famille. Malheureusement, les parfums qui les imprégnaient n'ont pas suffisamment préservé leurs restes et les mains des profanateurs ont trop bouleversé ces hypogées pour qu'il soit possible, aujourd'hui, de rétablir dans leurs honneurs et dans leurs dignités passés ces funèbres et sacrées épaves d'un culte disparu.

Diodore de Sicile (30 ans avant Jésus-Christ) écrit : « Celui qui tue un chat en Égypte est voué à la mort, qu'il ait commis ce crime volontairement ou non. Le peuple se jette sur le meurtrier et le fait expirer dans les plus cruels tourments. »

C'est ainsi qu'un Romain ayant eu le malheur de tuer un chat accidentellement, fut mis en pièces, sans que, ni l'autorité du roi Ptolemée, qui avait envoyé ses gardes pour le sauver, ni le respect du nom romain, pussent le tirer des mains furieuses de la populace qui s'était ruée sur sa maison.

Le même Diodore de Sicile raconte qu'à Memphis on vouait les enfants au chat, comme aujourd'hui on les voue à la Vierge ou au bleu ou au blanc. Les enfants ainsi consacrés portaient au cou une médaille à l'effigie du chat du temple où le vœu avait été prononcé.

Cette vénération des Égyptiens pour le chat fut mise à profit par Cambyse, roi des Perses, dans des circonstances qui valent d'être narrées :

Ce monarque était venu mettre le siège devant Peluse, qui, située à l'embouchure du Nil, était, pour ainsi dire, la clef de l'empire des Pharaons. La garnison résistait vaillamment, quand il eut l'idée de donner l'assaut en faisant avancer ses soldats chacun avec un chat sur les bras. Les Égyptiens, craignant de blesser ou de tuer l'un de ces animaux, n'osèrent faire usage de leurs traits et la ville fut prise, sans coup férir, grâce aux boucliers d'un nouveau genre dont le roi de Perse avait eu soin d'armer ses soldats.

Nous avons parlé plus haut des médailles qu'on faisait porter aux enfants, ajoutons que notre bibliothèque nationale possède une médaille également frappée en l'honneur du chat. Mais elle est de date bien plus récente. On y lit en exergue :

CHAT NOIR Ier, NÉ EN 1725.

et sur le revers,

SACHANT A QUI JE PLAIS, CONNAIS CE QUE JE VAUX.

Mais ce qui est curieux, c'est que l'habitude d'élever des chats resta longtemps propre à l'Égypte. C'est ainsi que le chat domestique n'est pas mentionné une seule fois dans le livre de Moïse; on ignore même s'il a jamais eu un nom dans la langue hébraïque.

Non plus, les textes et les monuments figurés des Babyloniens et des Assyriens ne fournissent aucune trace de son existence chez ces peuples.

Ce n'est pas non plus un des animaux que les Aryas possédaient déjà, à l'état domestique, avant leur séparation en plusieurs rameaux.

Quant aux Grecs, ils ne le connaissaient que comme animal sauvage, habitant les forêts, et ils le regardaient comme une bête malfaisante que l'on devait chercher à détruire et qui n'était bonne que pour sa peau. Aussi bien, du reste, on ne retrouve son image dans aucune œuvre de l'art hellénique. Par exemple, les Grecs n'ignoraient pas qu'il vivait à l'état domestique en Égypte où Hérodote signale, comme on l'a vu plus haut, son caractère sacré. Et, bien avant qu'ils connussent l'animal égyptien, ils l'avaient remplacé dans leurs habitations, — au dire de deux savants commentateurs, Dureau de la Malle (1) et le professeur Rolleston (2), — par la fouine à plastron blanc qui était chargée de la destruction des souris et des rats. Cette espèce de fouine était appelée *galé*, nom qu'elle porte encore maintenant chez les Grecs modernes. Et, si ce nom a été plus tard appliqué au chat, la faute en est aux écrivains byzantins du moyen âge, qui n'ont pas cru devoir le changer après que le chat eut complètement

(1) *On the cat of the ancient Greeks.* (*Journal of anat.*, 1868. vol. II.)

(2) *Atlas zu den Reisentm nœrdlichen Afrika*, p. 2.

supplanté la fouine dans le rôle de protecteur des maisons contre les petits rongeurs.

Tandis que les Grecs se refusaient à adopter le chat, les Étrusques, peuple maritime, qui avaient reçu quelques chats d'Égypte, par l'intermédiaire des Carthaginois, avec lesquels ils entretenaient d'importantes relations commerciales, introduisaient chez eux ces animaux dont la possession était recherchée, comme un luxe distingué. Les peintures murales de plusieurs tombeaux d'Étrurie nous montrent des chats vivant dans les maisons, courant sous les tables et les lits des salles de festins, quelquefois tenant une souris dans la gueule. Et le type représenté est toujours celui de l'ancien chat d'Égypte.

Mais ce qui est tout à fait singulier, c'est qu'avec l'exemple des Étrusques, les Romains aient attendu fort tard pour adopter le chat comme animal domestique. En revanche, ils faisaient une prodigieuse consommation de lions. Sylla pendant sa préture fit combattre jusqu'à cent mâles à la fois; Pompée six cents et César quatre cents. On n'en trouverait peut-être plus, aujourd'hui, pareil nombre dans toute l'Afrique entière.

A s'en rapporter aux textes littéraires, c'est la *mustela,* identique à la *galé* des Grecs, que l'on voit, jusqu'à la fin du premier siècle de notre ère, élevée dans les maisons romaines pour la destruction des rats et des souris.

Exemple, la fable de Phèdre (1), qui a pour titre :

MUSTELA ET MURES.

. . . .

. . . .

. . . .

« *Mustela, quum annis et senecta debilis*
Mures veloces non valeret assequi,
Involvit se farina et obscuro loco
Abjecit negligenter, etc. ».....

LA BELETTE ET LES RATS.

. . . .

. . . .

« Une belette affaiblie par l'âge et les infirmités, ne pouvait plus atteindre les rats, trop agiles pour elle. Elle se couvrit de farine et se jeta comme à l'abandon, dans un recoin obscur etc. ».....

Cette fable, la Fontaine, comme on le sait, l'a imitée, mais en mettant sur le compte du chat l'ingénieux stratagème.

Ce n'est pas à dire que les habitants du Latium ne connussent pas le chat, qui se trouve désigné par les uns, — tels Varron et Columelle, — sous le nom de *felis ;* par les autres, — ainsi Palladius,

(1) Liv. IV, fable II.

— sous celui de *catus;* mais cet animal n'était pas admis dans l'intimité de l'homme et on le redoutait à l'égal des bêtes féroces.

Voici, en effet, ce que dit, à ce propos, Térentius Varron, — le plus savant des Romains, au jugement de Cicéron, — dans son *Traité sur l'agriculture :* « *Quis enim ignorat septa e maceriis ita esse opportere in leporario, ut tectorio tacta sint et sint alta? alterum ne felis, aut melis, aliave quæ bestia introire possit, alterum ne lupus transilire...* » « Qui ne sait qu'il faut qu'un parc soit entouré de murailles bien crépies pour empêcher les chats, la fouine et les autres bêtes d'y pénétrer et assez élevées pour que les loups ne puissent les franchir? »

A son tour, Columelle, cet agronome au style si pur, dit dans son livre *De re rustica* (1) : « Pour le surplus, on observera les préceptes que nous avons donnés par rapport aux autres espèces de poussins et qui consistent à empêcher qu'ils ne sentent l'odeur d'une couleuvre ou d'un furet, de même que celle d'un *chat*, ou même d'une belette, parce que ces animaux pestilentiels font communément un carnage affreux de ces oiseaux quand ils sont jeunes. »

(1) Livre VIII.

On ne parle pas ainsi d'un animal familier.

C'est donc la belette seule qui, à cette époque, avait tous les honneurs du logis. Aussi bien, de l'avis même du bon la Fontaine :

> La nation des belettes,
> Non plus que celle des chats,
> Ne veut aucun bien aux rats.

La belette, qu'Aristote décrit sous le nom d'*ictis*, et Pline sous celui de *viverra*, était aussi employée contre les lapins.

Strabon raconte que ces rongeurs s'étaient tellement multipliés dans les îles Baléares que les habitants demandèrent des secours à l'empereur Auguste qui leur envoya quelques *viverræ*, qui furent lâchées dans les terriers d'où elles chassaient les lapins que l'on capturait à l'aide de filets.

De là, peut-être, le nom de *chats d'Afrique* donné par les anciens naturalistes à la marte, au furet et au putois.

Toutefois, il faut ajouter qu'on vit, à cette époque, dans quelques maisons de patriciens des chats angoras qu'on avait amenés à grands frais de l'Orient. Mais, cette espèce —, il n'est pas besoin de le dire, — ne se rattache nullement au chat égyptien ; elle procède d'une variété que les Aryo-

Indiens naturalisèrent après leur établissement sur les bords du Gange et de l'Indus.

Une mosaïque de Pompéi, admirablement conservée, représente un de ces chats saisissant un pigeon pour le dévorer. A la même variété appartient celui qu'on voit sur un bas-relief du musée du Capitole, debout sur ses pattes de derrière, et guignant une volaille suspendue à une corde qu'il s'efforce d'atteindre tandis qu'une joueuse de lyre règle ses mouvements en cadence.

Vers l'époque d'Auguste on voit le chat figurer dans les fables de Babrias; mais la plupart de ces fables sont d'origine syrienne. Au deuxième siècle de notre ère, Élien fait remarquer que le chat est susceptible de s'attacher aux personnes qui le soignent ou aux maisons où on le traite bien; seulement il a l'air de ne le connaître dans cette condition de domesticité qu'en Égypte.

Ce n'est que vers le quatrième siècle que le chat paraît avoir été accepté par les Romains comme animal domestique. Et alors il est désigné sous le nom de *catus*, passé plus tard sous la forme κατος dans le grand Byzantin. C'est donc par les Romains, ainsi que le fait remarquer Pictet, dont on ne saurait contester l'autorité, que le chat domestique fut répandu en Occident, après qu'eux-mêmes l'eurent adopté, à l'époque où les coutumes orientales s'implantaient de plus en plus dans la Ville Éternelle.

Mais l'éminent linguiste va encore plus loin et fait voir que le mot *catus,* qui dérive du syriaque *qaïô,* indique bien la contrée d'où les Romains avaient tiré l'emploi du chat à l'état domestique.

D'où il suit que de l'Égypte le chat ne s'est répandu que très lentement en Europe. Il n'arriva en Italie qu'après avoir passé par l'Arabie et la Syrie et ne fit son apparition dans l'Europe occidentale que vers le dixième siècle de notre ère.

Aujourd'hui, on le rencontre dans presque toutes les contrées où l'homme s'est fixé et il s'est considérablement répandu en Amérique depuis la découverte de ce continent.

Au dire d'Albert le Grand, quand les Arabes arrivèrent en Espagne ils n'y trouvèrent qu'une grande quantité de furets domestiques appelés *furos* par les indigènes.

Ces animaux servaient à la destruction des souris et des rats.

C'est du type qu'ils introduisirent alors que descend la race que nous connaissons sous le nom de chat domestique, — race qui, comme on le verra plus loin, a fourni un certain nombre de variétés.

A l'instar des Égyptiens, les Arabes avaient divinisé le chat. Suivant Pline, ils adoraient un chat d'or. C'est peut-être par un reste d'idolâtrie qu'ils le considèrent, aujourd'hui, comme un animal pur, tandis qu'ils rejettent le chien comme animal impur.

Nous savons, du reste, que le chat était le favori du prophète, témoin le conte suivant :

Le chat du législateur musulman s'était un jour couché sur un pan de sa robe et semblait y méditer si profondément que Mahomet, pressé de se rendre à la prière, mais n'osant tirer l'animal de son extase, préféra couper la partie de son vêtement sur laquelle il reposait. Quand le prophète rentra, le chat, revenu de son assoupissement, vint lui faire la révérence pour le remercier d'une attention si délicate. Mahomet comprit ce que cela signifiait et assura au chat qui ronronnait et faisait le gros dos une place dans son paradis. Puis, par trois fois, il passa sa main sur les reins de l'animal et par cet attouchement lui imprima la vertu de ne jamais tomber que sur ses pattes.

Les sectateurs du grand législateur ont hérité de cet amour pour l'animal favori des Égyptiens : car il existe au Caire, près de la porte de *Bab-el-Nazr*, un hôpital dans lequel sont recueillis les chats errants ou malades. Chaque jour, nombre de femmes ou d'enfants vont leur porter des aliments.

Nous avons dit que le chat n'apparut dans l'Europe occidentale que vers le dixième siècle de notre ère. Mais avouons qu'il ne fut pas aussi estimé par les nations chrétiennes que par les païens et les infidèles. On croyait alors que les chats dansaient en compagnie des sorcières dans toutes les réunions sabbatesques et que le diable revêtait volontiers la figure de cet animal quand il lui prenait fantaisie de se mêler aux humains.

Ces faits son attestés très gravement par Bodin dans son livre sur la *Démoniomanie*. Il y est dit que, la plupart du temps, les sorciers revêtent la forme des animaux de l'espèce féline pour tenir leurs assises infernales.

Ce sont ces croyances absurdes qui ont valu au chat les atroces supplices auxquels il se trouvait en butte, au moyen âge, à certaines époques de l'année. Ainsi, à Paris, il jouait un jeu cruel dans le feu de la Saint-Jean.

Cet usage d'allumer, au solstice d'été, des feux de joie, nous vient des Orientaux qui saluaient ainsi le retour du nouvel an. Le moyen âge, en adoptant cette coutume, y ajouta l'auto-da-fé du chat, qu'on regardait, ainsi qu'il vient d'être dit, comme le supplice des sorciers, et cette cérémonie s'est continuée presque jusqu'à nous, encore qu'elle eût perdu depuis bien longtemps toute espèce de signification. Elle était célébrée en grande pompe et l'histoire n'a pas manqué de dire que, depuis Louis XI jusqu'à Louis XIV, nos rois l'ont honorée de leur présence et même de leur concours.

Un auteur contemporain nous à transmis, sur la fête de 1573, les détails suivants :

Au milieu de la place de Grève s'élevait un arbre de soixante pieds de hauteur, d'où s'étendaient au loin des traverses de bois auxquelles on avait attaché des fusées de toutes sortes. Au pied étaient entassées dix voies de gros bois et beaucoup de paille ; au sommet était hissé un panier ou bien une cage, renfermant deux douzaines de chats, et par extraordinaire *un renard afin de donner plaisir à Sa Majesté*. Charles IX, en effet, au milieu d'une bruyante musique, suivi du prévôt des marchands et des échevins, mit le feu au bûcher avec une torche de cire blanche, qu'ornait une poignée de velours cramoisi. La foule, avide de ce spectacle, était difficilement maintenue à distance par les archers ; mais quand le prince se fut retiré, elle vint se ruer sur les cendres, suppléant par ses mille voix au silence des fanfares et de l'artillerie.

Cette solennité avait pour but de célébrer la joyeuse élection de Monsieur, frère du roi, au royaume de Pologne.

Jusqu'à la fin du dix-huitième siècle on célébrait

tous les ans, à Metz, une cérémonie non moins barbare. Les magistrats et le clergé, en habits de fête, apportaient au bruit des fanfares, sur la place publique, une énorme cage de fer remplie de chats. On plaçait cette cage sur un bûcher élevé par la populace, puis on mettait le feu aux fagots. Les malheureuses bêtes, criaient, se tordaient, se convulsaient au milieu des éclats de joie d'une foule impitoyable et qui ne quittait la place que lorsque les chats et les fagots ne représentaient plus qu'un même monceau de cendres.

Au dire de la légende, ces horribles réjouissances se célébraient en mémoire d'une sorcière qui, autrefois condamnée par la justice ecclésiastique à périr sur le bûcher, se serait métamorphosée en chatte et sauvée au moment où on la tirait de prison pour la mener au supplice. De moins crédules prétendent que la sorcière, qui était jeune et belle, avait produit une vive impression sur le prélat présidant le tribunal et qu'elle préféra la couche épiscopale aux fagots de la place publique. Pour donner satisfaction à l'opinion, on fit griller à sa place un chat vivant. Depuis, on ne laissa passer aucun anniversaire de cette exécution sans immoler quelques chats offerts en holocauste par la population.

Mais laissons ces horreurs indignes de l'humanité,

pour nous occuper de quelques hommes qui se sont faits les amis, les apologistes du chat, car son nom se rattache avec honneur au souvenir de plus d'un personnage de marque.

Ainsi Pétrarque, dont le nom rayonne sur le quatorzième siècle, avait une chatte qui savait tromper sa douleur et charmer sa solitude.

Le Tasse, le plus grand poète de l'Italie moderne, réduit à une telle pauvreté que la lumière lui manquait pour écrire ses admirables vers, priait sa chatte, par un joli sonnet, de lui prêter la nuit le flambeau de ses yeux.

L'illustre marin génois, André Doria, se fit ensevelir avec son chat *Marignan*, présent de la duchesse d'Étampes.

Montaigne, le philosophe moraliste, avoue que les jeux et les caresses de son chat étaient pour lui la plus agréable des récréations.

L'implacable Richelieu, lui-même, raffolait des chats; l'histoire rapporte qu'il caressait d'une main une famille de ces animaux qui se jouait sur ses genoux, tandis qu'il signait de l'autre l'ordre d'exécution de Cinq-Mars et de son ami l'infortuné de Thou.

Le grand Colbert se délassait de ses fatigues ministérielles en provoquant les jeux d'une troupe de jeunes et folâtres chatons qui avaient accès dans ce cabinet d'où sont sortis tant d'établissements utiles à la nation.

Fontenelle avait pour les chats une prédilection marquée. On raconte qu'un jour, tout jeune encore, ayant placé un de ses favoris dans un fauteuil et s'étant mis à lui faire un discours, pour s'exercer à parler en public, le chat, que ne séduisaient nullement les beautés oratoires que lui débitait son ami, se sauva à toutes jambes et ne revint plus.

Plus attentif était le chat d'une certaine demoiselle Dupuy, citée par Moncrif, le célèbre biographe de l'espèce féline. Cette demoiselle, qui avait un grand talent sur la harpe, se figurait devoir à son chat l'excellence artistique à laquelle elle était arrivée. Cet animal, disait-elle à qui voulait l'entendre, l'écoutait avec la plus vive attention toutes les fois qu'elle s'exerçait sur son instrument. Elle avait même remarqué en lui certaines marques d'attendrissement qui soulignaient les parties du morceau où l'expression se faisait le mieux sentir. Comme elle s'était formée, grâce au goût de son auditeur favori, un talent qui lui avait valu autant de fortune que de réputation, elle voulut que son animal, elle morte, continuât à être soigné convenablement et lui légua une rente plus que suffisante pour satisfaire à tous ses désirs.

C'était encore Mme de la Sablière dont la maison,

de la cave au grenier, était remplie de chats de tout poil.

La duchesse du Maine, qui composa un rondeau sur les mérites de *Malarmain*, son chat affectionné.

Mme de Lesdiguières, qui fit élever à sa chatte un mausolée de marbre avec cette épitaphe :

Ci-gît une chatte jolie :
Sa maîtresse, qui n'aima rien,
L'aima jusqu'à la folie.
Pourquoi le dire? — On le voit bien.

Mme Deshoulières qui disait en parlant de la sienne : « Quand mon mari s'absente, *Grisette* me suffit. »

Hoffman, qui a fait de son chat *Murr* le principal héros de ses *Contes fantastiques*. Ayant eu le malheur de le perdre, il en éprouva un chagrin si profond qu'il est à croire que cette perte avança ses jours, car il ne survécut pas longtemps à son favori. Le 30 novembre 1821, il envoyait à son ami Litzig la lettre de faire part suivante :

« Dans la nuit du 29 au 30 novembre s'endormit pour revivre dans une meilleure vie, après de courtes, mais violentes douleurs, mon élève chéri, le chat *Murr*, dans la quatrième année de son existence, plein d'espérance, ce dont je ne manque jamais d'informer mes protecteurs et amis. Ceux qui ont connu celui que je pleure apprécieront ma juste douleur et la respecteront — par leur silence!

« HOFFMAN. »

Fourrier a aimé le chat jusqu'à détester le chien.

A cette longue énumération de noms il faut encore ajouter ceux de Théophile Gautier, Léon Gozlan, Albéric Second, Paul de Kock, Sardou, Baudelaire, Champfleury, Clovis Hugues, etc., dont les écrits témoignent en prose ou en vers de la grande affection dans laquelle ils tenaient ou tiennent les représentants de l'espèce féline.

Du reste, s'il faut en croire certain philosophe du dernier siècle, il paraît que cette affection marquée de l'homme pour le chat est toujours chez le premier l'indice d'un mérite supérieur.

Parmi les poésies qu'a inspirées cet animal nous citerons la dernière en date, celle de M. Clovis Hugues, le poète-député, qui a pour titre : *Les Petits Chats.*

J'allais fumant un bon cigare,
Cueillant des rimes dans l'azur,
Quand j'entendis un cri bizarre
Dans l'épais gazon, près d'un mur,

Où la légère campanule,
Clochette de l'été vermeil,
Au bout des tiges en virgule
Pend toute pleine de soleil.

Les Petits Chats.

Étonné, je baissai la tête
Vers l'étroit sentier tout fleuri,
Cherchant à savoir quelle bête
Avait poussé l'étrange cri.

Mais je ne vis que l'herbe épaisse
Où les beaux papillons luisants
Voltigeaient autour d'une espèce
De fleur que j'aimais à douze ans.

Et j'entendais toujours dans l'herbe
Le cri qui m'avait étonné,
Pareil au cri que sous la gerbe
Pousse un grillon emprisonné.

Dans cette plainte presqu'humaine
Je devinai l'appel fatal
De la bête qui naît à peine
Et que la vie accueille mal.

Or, voilà qu'en suivant la trace
Des sons l'un à l'autre enchaînés,
Je découvris dans l'herbe grasse
Deux petits chats abandonnés.

Ils étaient là, traînant la patte,
Aspirant mal l'air étouffant,
Le poil rare, l'échine plate,
Gros comme les poings d'un enfant.

Ils rampaient la paupière close,
Aveugles, brisés, les flancs lourds,
Montrant leur fine langue rose
Qu'on prend pour un bout de velours.

Comme une couleuvre se glisse,
Ils avançaient tendant le cou,

Gonflant leur petit ventre lisse
Que blessaient l'herbe et le caillou.

Je baissai de nouveau la tête,
Maudissant l'homme triomphant
Qui dans la plainte de la bête
N'entend pas le cri de l'enfant;

Puis, laissant la strophe cherchée,
Le rêve sublime ou banal,
J'emportai la pauvre nichée
Dans les plis d'un grave journal

Où, pour bien faire peur aux hommes,
Un publiciste bien pensant
Disait au pays que nous sommes
Des fous et des buveurs de sang.

Janvier 1878.

Ajoutons maintenant, pour terminer cet exposé historique, que les Égyptiens ne furent pas le seul peuple qui protégea les chats. Le code du pays de Galles contient à leur sujet une disposition introduite, vers le milieu du dixième siècle, par Howel-le-Bon. Cette disposition condamnait à des amendes tous ceux qui tourmentaient, blessaient ou tuaient un chat. La valeur du chat était fixée d'après les services qu'il était susceptible de rendre. Un jeune chat, qui n'avait pas encore attrapé de souris, avait une valeur moindre que celui qui avait déjà fait quelques victimes parmi la gent trotte-menu. Celui dont la réputation de chasseur était largement établie valait le double. D'autres dispositions réglaient même la vente de cet animal.

L'acheteur avait, par exemple, le droit d'exiger que les yeux et les griffes fussent bien constitués, que l'animal, enfin, fût bon chasseur de souris. Si la bête vendue péchait par quelqu'un de ces points l'acheteur pouvait demander le remboursement d'un tiers du prix d'achat.

En outre, quiconque tuait un chat sur le domaine du prince était forcé de donner la quantité de blé nécessaire « pour couvrir entièrement le chat mort, suspendu par la queue de manière à ce que son museau touchât le sol ».

L'édiction de ces mesures a une portée scientifique qu'on ne saurait méconnaître. Elle prouve, en effet, que si le chat domestique, que l'on considérait déjà comme un précieux auxiliaire, descendait réellement du chat sauvage, — comme certains auteurs l'affirment, — on aurait pu tout à loisir se procurer ce dernier qui, à cette époque, infestait les forêts de l'Angleterre.

Quoi de plus facile que de capturer de jeunes chats sauvages, de les élever et de les apprivoiser?

A ce propos, manifestons le regret que les législateurs de l'an XII, qui ont réglementé par une loi spéciale le commerce des animaux domestiques, — loi revue plus tard et refaite par la Chambre des pairs, en 1838, — dans le but de corriger les abus afférents à ce genre de transactions, aient cru devoir bannir du code deux de nos plus utiles auxiliaires : le chien et le chat.

Plus pratiques et plus reconnaissants ont été les anciens, particulièrement à l'égard du chien, lequel, — à s'en rapporter aux écrits des agronomes latins, — bénéficiait dans la vente des mêmes avantages et des mêmes stipulations de garantie que le troupeau dont il avait la garde. Pas plus pour le chien et le chat que pour les autres animaux domestiques l'acheteur ne devrait être victime des défauts qui lui sont déguisés par la fraude.

Mais comme ce n'est pas ici le lieu de traiter cette question, contentons-nous de la signaler.

Ces considérations historiques ne seraient pas complètes si nous ne citions pour les clore une bien curieuse légende indienne sur l'origine du chat :

Les premiers jours que les animaux furent renfermés dans l'arche, étonnés du mouvement de la barque et de la nouvelle demeure qu'ils habitaient, ils restèrent chacun dans leur ménage sans trop s'informer de ce qui se passait chez leurs voisins. Le singe fut le premier qui s'ennuya de cette vie sédentaire, il alla faire quelques agaceries à une jeune lionne du voisinage. Cet exemple, immédiatement suivi, répandit dans l'arche un esprit de coquetterie qui dura pendant tout le séjour qu'on y fit et que quelques animaux ont encore gardé sur la terre. Ils se fit, dans différentes espèces, un nombre étonnant d'infidélités qui donnèrent naissance à des animaux inconnus. Ce furent des amours du singe et de la lionne que naquirent un chat et une chatte qui, par une différence bien marquée avec les autres animaux nés, comme eux, des galanteries qui se passèrent dans l'arche, acquirent, en naissant, la faculté de multiplier leur espèce.

Telle est la légende. Elle a, comme on le voit, une façon d'expliquer la théorie du *transformisme*, qui est un peu moins compliquée que celle de l'illustre Darwin.

CHAPITRE II.

DES FÉLINS EN GÉNÉRAL. — CARACTÈRES QUI DISTINGUENT LES CHATS PROPREMENT DITS.

SOMMAIRE. — Le Chat est le carnivore par excellence. — Caractères généraux. — Système dentaire. — Une arme terrible. — Un mauvais coureur. — Une particularité cérébrale. — Les organes des sens. — Deux perfections : l'ouïe et la vue. — Des *chats proprement dits*. — Du genre *catus* en particulier. — Observation physiologique.

Le chat appartient à l'une des familles les plus imposantes de l'ordre des *mammifères carnassiers* : celle des ***Félins***.

Cette famille se compose, — comme on le verra plus loin, — d'espèces destinées à vivre de proie, encore plus exclusivement que les chiens.

Nous allons esquisser, en peu de lignes, les caractères qui la distinguent.

Les félins, considérés d'une manière générale, ont le museau arrondi, formé de deux mâchoires courtes et, par cela même, remarquablement puissantes. Ces mâchoires sont, de plus, terriblement armées.

Elles se composent de 28 à 30 dents, savoir : 6 incisives à la mâchoire supérieure et autant à l'inférieure : 2 énormes canines en haut et autant en bas; plus 8 molaires à la mâchoire supérieure et 6 seulement à l'inférieure. Ces molaires sont petites, comprimées, tranchantes et dentelées comme une scie. Au lieu de s'affronter par leur couronne elles se correspondent par leurs faces à la manière des lames de ciseaux, — ce qui provient, comme on l'a fait remarquer avec raison, de ce que la mâchoire inférieure est beaucoup plus étroite que la supérieure.

Les molaires qui garnissent les deux côtés de cette dernière se subdivisent de la façon suivante : deux avant-molaires principales et quatre arrière-molaires.

Les avant-molaires sont relativement très petites.

Les molaires principales, plus grandes, sont surmontées d'une couronne triangulaire à sommet médian et légèrement pointu.

Les premières arrière-molaires, désignées encore sous le nom de *carnassières supérieures,* se distinguent par leur développement exagéré. Ce sont les plus grosses de toutes. Aussi, leur configuration mérite-t-elle une description spéciale : elles sont formées d'une pointe tranchante avec un lobe conique à la base antérieure, et, en arrière, un autre lobe, beaucoup plus considérable, qui s'écarte en figurant une sorte d'aile tranchante.

Les secondes arrière-molaires se distinguent, au contraire, par leur petitesse. Elles sont disposées transversalement et chacune d'elles a une forme tuberculeuse avec couronne bilobée.

Quant à la mâchoire inférieure, elle se compose de deux molaires principales et de quatre arrière-molaires.

Les deux molaires principales sont légèrement triangulaires, comprimées avec un talon basilaire en avant et un talon beaucoup plus grand et presque bilobé en arrière.

Les premières arrière-molaires diffèrent peu de leurs correspondantes supérieures.

Les secondes, ou *carnassières inférieures*, sont minces, assez élevées et constituées presque entièrement par deux lobes tranchants séparés l'un de l'autre par une forte échancrure.

Les canines sont à peine recourbées, mais elles sont grandes et fortes et dépassent toutes les autres dents en longueur.

Les incisives ne présentent rien de remarquable.

Nous avons dit que les mâchoires de tous les animaux du genre *felis* sont très courtes; aussi, les muscles qui les mettent en jeu sont-ils remarquablement forts. C'est le développement de ces muscles et de la crête zygomatique, sur laquelle ils prennent leur point d'insertion, qui donnent à la tête de tous les félins cette largeur caractéristique et à leur museau cette forme arrondie qui, d'emblée, les distingue de tous les autres mammifères.

Le pied est large et arrondi; il est garni à sa face plantaire de bourrelets épais et élastiques qui rendent la marche de l'animal douce et silencieuse et lui permettent de tomber de haut sans se blesser.

Il est pourvu de cinq doigts aux membres de devant et de quatre à ceux de derrière.

Ces doigts armés d'ongles puissants, crochus, longs, aigus et très rétractiles, constituent les véritables armes des félins. Ils leur servent à saisir et à déchirer leur proie, à se défendre ou à attaquer, et à s'empêcher de glisser.

La phalange qui sert de base à chacune d'elles présente une disposition qu'il est intéressant de noter. Plus courte que haute et à bord postérieur profondément échancré, elle peut par cette disposition anatomique pivoter sur la tête plus étendue en haut de la phalange supérieure. De cette dernière part un ligament très fort, qui, par sa grande élasticité, tient relevé, pendant la marche et sans fatigue musculaire, chacun des ongles. Ceux-ci sont en outre protégés par un repli de la peau. Il résulte de cette disposition qu'ils ne peuvent ni s'user, ni même s'émousser à chacun des déplacements de l'animal. Mais vient-il à en faire usage, il contracte les muscles fléchisseurs, étend les doigts, dresse ses griffes acérées et présente alors une arme des plus terribles. Dès que cesse la contraction, les griffes se relèvent naturellement pour se dissimuler sous les doigts.

La langue des chats est hérissée de papilles dures, cornées, dirigées d'avant en arrière et donnant au toucher la sensation d'une râpe. Et le contact de ces organes est tellement dur que l'animal peut enlever l'épiderme rien qu'en léchant sa proie.

D'où il suit, que les chats sont des êtres essentiellement carnivores, préférant même à toute chair celle qui palpite encore. Bien différent est le chien, qui ne veut pour régal que de la viande en putréfaction.

Le nez du chat est terminé par un mufle, assez petit, à côté et au-dessous duquel s'ouvrent les narines.

Les oreilles sont petites, droites et triangulaires.

Les jambes sont courtes et remarquablement souples.

La colonne vertébrale est formée de vingt vertèbres thoraciques et lombaires, de deux ou trois fausses vertèbres et de seize à vingt vertèbres caudales. Elle est des plus flexibles, ce qui empêche tous les animaux du genre *felis* d'être bons coureurs; en revanche, ils peuvent se plier, grimper, s'allonger avec la plus grande facilité, et s'ils ne progressent que par bonds, ces bonds sont parfois réellement prodigieux.

L'intestin, relativement court, mesure de trois à cinq fois la longueur du corps.

Le cerveau est petit et déprimé latéralement, de sorte qu'il présente dans le sens de la largeur une saillie apparente correspondant précisément à l'endroit où Gall place la protubérance du meurtre. Le gland du mâle est hérissé de petites papilles cornées, ce qui rend chez certaines espèces l'accouplement assez douloureux. — *In venere semper certat dolor et gaudium*, a dit Sénèque. On ne trouve ni poches ni follicules dans le voisinage de la verge.

La femelle a généralement huit mamelles : quatre pectorales et quatre abdominales.

Si maintenant nous passons à l'étude des sens, nous trouvons des particularités curieuses.

Ceux de l'ouïe et de la vue sont, sans contredit, les plus développés.

Ce qui frappe surtout, quand on examine le

squelette des chats, c'est l'ampleur excessive de la caisse du tympan. De même l'oreille externe nous dit, par sa structure, par les appendices qu'on y remarque, par la quantité de poils qui en préservent l'intérieur, combien est grande l'importance de cet organe, et combien exquise la sensibilité de l'ouïe. Aussi, les chats peuvent-ils percevoir les bruits les plus légers aux plus grandes distances.

Bien que moins favorisée que l'ouïe, la vue jouit, néanmoins, d'une certaine finesse. Les yeux sont remarquables par le développement et par l'extrême impressionnabilité de l'iris, qui, en se dilatant, ou en se contractant, permet à l'animal de voir également bien pendant le jour et pendant la nuit. Sous l'influence de la lumière, la pupille se contracte et n'apparait plus que sous la forme d'une fente étroite, tandis que, dans l'obscurité, elle se dilate et s'arrondit de façon que la plus faible clarté puisse se rassembler au fond de l'œil d'où la rétine la réfléchit.

Le toucher est encore assez bien développé; du reste, chez ces animaux tout le corps est sensible, — pour ainsi dire. Mais les principaux organes de la sensation tactile sont les poils qui saillent autour des lèvres et au-dessus des yeux. Vient-on à couper ces longs poils, l'animal devient comme embarrassé, hébété même ; — et il ne reprend sa physionomie habituelle que dès qu'ils ont repoussé.

« Les circonstances extérieures, — dit Brehm (1), — ont beaucoup d'influence sur les chats et provoquent leur mécontentement ou le bien-être qu'ils en ressentent. »

Les caresse-t-on en glissant la main sur leur pelage soyeux, ils se montrent presque toujours satisfaits ; ils témoignent, au contraire, leur déplaisir si on vient à les mouiller ou à les exciter.

On pourrait croire que la muqueuse cornée et rugueuse qui recouvre la langue sur sa face supérieure abolit complètement la gustation ; il n'en est rien cependant. Les chats n'en sont pas moins

(1) *La Vie des animaux.*

sensibles à toutes les excitations du palais provoquées par des aliments épicés, salés ou sucrés. Hâtons-nous de dire, cependant, pour être vrai, que cette délicatesse du goût est bornée ; ce qui fait que la plupart des félins avalent plutôt qu'ils ne mâchent leur proie dès qu'ils l'ont déchirée.

De tous les sens l'odorat est celui dont le développement est le moindre. Il lui faut pour l'exciter les odeurs les plus pénétrantes, comme celles de certains végétaux, tels que la valériane ou la germandrée. C'est un curieux spectacle que de voir ces animaux s'approcher de ces plantes et se rouler sur elles avec une véritable frénésie.

En dehors des cinq facultés sensorielles, que nous venons d'étudier, on peut dire qu'il existe chez le chat, comme chez la plupart des animaux, du reste, une autre faculté de même ordre qu'on peut considérer à bon droit comme un sixième sens. Quand on voit, en effet, un animal, chien ou chat, revenir à la maison dans un court espace de temps, à travers un pays qui lui est inconnu ou par une route qu'il n'a jamais suivie auparavant, n'est-on pas obligé de supposer qu'il existe chez lui un sens complémentaire, — sens de direction ou d'orientation, comme on voudra, qui lui permet de s'élever entièrement au-dessus des limites des autres sens ?

Cette faculté, — comme le fait remarquer Ch. Bastian, — ne se montre, chez la plupart des hommes, qu'à un état si rudimentaire qu'elle fait paraître le sens correspondant, si développé chez quelques animaux, comme une faculté nouvelle et mystérieuse.

« Le degré auquel existent chez nous des traces de cette faculté varie beaucoup chez les différents individus. Quelques habitants des villes, fort intelligents d'autre part, sont presque incapables de trouver leur route, au milieu des rues qui se croisent, jusqu'à un point assez rapproché, et dont la direction leur était connue au moment où ils sont partis ; d'autres, au contraire, se mettant en route avec une notion correcte du point à atteindre, y arrivent sans peine en traversant tout un labyrinthe de rues auparavant inconnues (1). »

Cette faculté de garder dans l'esprit une *direction connue,* au milieu d'un grand nombre de changements de direction, existe toutefois à un degré beaucoup plus élevé chez quelques races humaines sauvages ou à demi sauvages. Ainsi, d'après Darwin, Von Wrangel a rapporté la manière merveilleuse dont les indigènes de la Sibérie

(1) *Des sensations et de l'intelligence chez les animaux. Revue scientifique*, an. 1881.

septentrionale sont capables de « garder une direction exacte vers un point particulier, bien que parcourant des distances considérables sur la glace des kummocks ; obligés, par conséquent, à d'incessants changements de direction, et sans jamais avoir rien qui les guide dans le ciel ou sur la mer glacée. »

Les Indiens de l'Amérique du nord montrent une facilité semblable à retrouver leur route au milieu d'immenses espaces montagneux et si densément boisés que la vue ne peut guère pénétrer au delà de quelques mètres, ou dans les solitudes sans routes des prairies, où règne seule une lugubre uniformité.

La perfection de cette faculté chez les peuples sauvages ou à demi sauvages, à qui leur mode d'existence donne de sérieuses raisons de la cultiver, semble montrer que la pratique peut, sous ce rapport, comme sous les autres, amener un certain perfectionnement. Mais ce qui distingue particulièrement un grand nombre d'animaux, c'est qu'ils semblent capables de posséder cette notion initiale de la direction, dans des circonstances où les facultés des hommes sauvages ou à demi sauvages, dont il était question plus haut, leur seraient apparemment de peu de profit.

Nous n'en voulons pour preuve que l'histoire

d'un chat aveugle racontée tout récemment par M. Hovey. Ce chat se heurtait aux meubles, tout d'abord, mais peu à peu il se mit à courir sans toucher les obstacles, absolument comme s'il y voyait. Un jour, on le transporta très loin de la maison. Après quelques miaulements plaintifs, le chat, prenant son parti, se dirigea, en droite ligne, vers la maison. Or, aveugle, il est clair qu'il n'avait pu reconnaître le chemin à suivre; doué d'un médiocre odorat, il ne pouvait se guider par le flair, puisqu'il retourna par une route différente de celle par laquelle on l'avait égaré; d'ailleurs, le sol était couvert de neige.

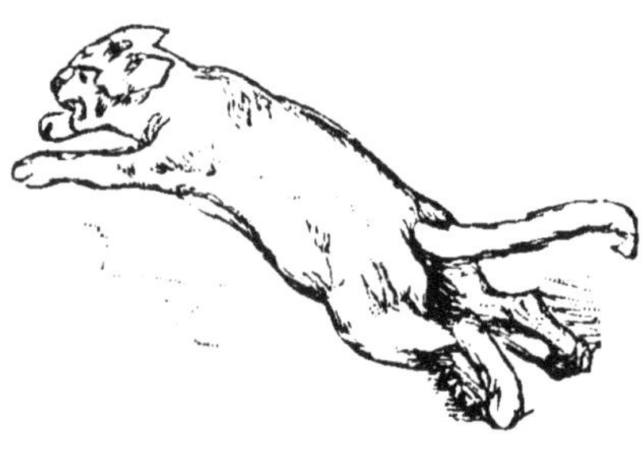

L'exposé sommaire des caractères anatomiques que nous avons fait connaître plus haut appartient à tous les félins. Nous allons examiner maintenant les particularités qui se rapportent aux *chats proprement dits*.

Ces animaux ont trente-deux dents. La carnassière supérieure a trois lobes et un talon mousse en dedans; l'inférieure n'a que deux lobes pointus et tranchants et est tout à fait dépourvue de talon.

Les mâchoires sont très courtes.

Quant au genre chat (*catus*), en particulier, il se distingue surtout par sa taille, — il ne renferme que de petites espèces; — par l'oreille, qui est uniformément velue sur tout son pourtour, et par la queue qui est à peu près de la moitié de la longueur du corps.

Quand nous aurons ajouté que la dernière molaire inférieure est pourvue de deux pointes et que la pupille est verticale et fendue longitudinalement, le tableau des signes qui différencient le genre *catus* sera au grand complet.

Une remarque physiologique pour clore ce chapitre :

Les chats ont la circulation très rapide et la respiration très active; aussi s'asphyxient-ils aisément.

CHAPITRE III.

INTELLIGENCE. — INSTINCT.

SOMMAIRE. — Le « roi de la création » et les animaux qui se sont ralliés à lui. — En élevant la bête nous ne rabaissons pas l'homme. — Descartes et sa nièce. — Ce que pensaient des bêtes les philosophes du dix-septième et du dix-huitième siècle. — Bossuet et Leibniz. — Montaigne, Gassendi, Condillac. — Les facultés *volontaires* et les facultés *involontaires*. — Du rôle du système nerveux. — L'intelligence et le volume du cerveau. — Un essai de réhabilitation. — Une série d'anecdotes. — Concert de chats. — La *musique de l'avenir*. — Encore des anecdotes. — Une étude par J.-J. Granville. — Toujours des anecdotes. — La biographie de Prett. — Conclusion.

Si l'homme a reçu du Créateur une nature morale supérieure, qui, pour parler le langage des poètes, l'a fait « le roi de la création », cela ne lui constitue pas le droit de refuser à la bête sa part d'intelligence dans la répartition générale.

Aussi bien, cette part est trop restreinte pour qu'elle puisse nous porter ombrage. C'est pourquoi, il y a lieu de s'étonner de voir certains philosophes désigner sous le nom d' « instinct inconscient » les quelques facultés intellectuelles que la nature a départies à l'animal.

On peut dire, sans hyperbole, que cette façon

3.

de raisonner procède évidemment d'un excès de vanité et d'un manque d'observation.

En élevant la bête, nous ne rabaissons pas l'homme.

Tout en restant être organisé, tout en appartenant, par la forme, la disposition et le jeu de ses organes, à l'animalité en général, et à la classe des mammifères en particulier, le genre homme, *homo sapiens*, se distingue, néanmoins, de tous les autres êtres vivants par des caractères qui le mettent tellement hors de pair qu'il y a tout un abîme entre son intelligence si remarquablement perfectible et les facultés assez bornées qui composent le domaine intellectuel de l'animal. Mais si bornées qu'elles soient, ces facultés, il faut bien en convenir, servent à exprimer comme chez l'homme, mais dans une mesure beaucoup plus restreinte, les phénomènes de l'entendement.

Toutes les subtilités de Descartes, qui ne voulait voir dans l'exercice des fonctions de relation des animaux qu'un pur automatisme, n'ont jamais pu empêcher la nièce du grand philosophe de soutenir que sa fauvette avait du sentiment et, plus d'une fois, dans les discussions intimes que provoquait cette question, le père du *cartésianisme*, battu en brèche par le simple bon sens de la jeune fille, dut rester bouche béante, incapable de trouver dans tout son système philosophique un argument qui lui permît de réfuter victorieusement sa petite antagoniste.

A une époque où l'on regardait les animaux comme de pures machines, on saura gré à Bossuet, — dont on peut dire, malgré sa fougue, qu'il a allié au suprême degré le génie et le bon sens, — d'accorder à l'animal tout ce qu'il y a dans la partie sensitive de l'âme humaine : le plaisir, la douleur, les sensations, les passions, les idées sensibles.

Cette manière de voir « paraît, dit-il, d'autant plus vraisemblable qu'en donnant aux animaux le sentiment et ses suites, elle ne donne rien dont nous n'ayons l'expérience en nous-mêmes et que, d'ailleurs, elle sauve parfaitement la nature humaine en lui réservant le raisonnement. »

Telle était aussi l'opinion de Leibniz, encore bien qu'elle s'affirmât d'une façon moins positive.

L'illustre métaphysicien dit, en parlant des animaux : « Bornés à l'association et à la mémoire des idées, ils sont incapables de toute notion générale et nécessaire. Ils ne raisonnent pas, mais passent d'une image à l'autre et, à chaque rencontre qui paraît être semblable à la précédente, ils s'attendent à ce qu'ils ont trouvé joint autrefois, comme si les choses étaient liées dans la réalité parce que leurs images sont liées dans leur mémoire. »

Et pourtant Buffon, si vrai dans ses peintures des mœurs des animaux, si exact dans la description de leurs actions, de leur sagacité, de leur industrie, a été, le croirait-on? un des plus grands détracteurs des animaux :

« L'animal, dit-il, est un être purement matériel qui ne pense ni ne réfléchit et qui cependant agit et semble se déterminer. Nous ne pouvons pas douter que le principe de la détermination du mouvement ne soit dans l'animal un effet purement mécanique et absolument dépendant de son organisation. »

Et plus loin, il ajoute :

« Le sens intérieur de l'animal est, aussi bien que ses sens extérieurs, un sens purement matériel, etc. »

L'exposé de cette théorie a valu au grand naturaliste une superbe riposte d'un des philosophes les plus remarquables du dix-huitième siècle, Georges Leroy, l'auteur de l'article *Instinct* de l'Encyclopédie.

« Quoi! s'écrie-t-il, nous sommes témoins d'une suite d'actions dans lesquelles se marque visiblement la sensation actuelle d'un objet, une autre sensation rappelée par la mémoire, la comparaison entre elles, une impulsion alternative qui en est le signe évident, une hésitation sensible, enfin une détermination, puisqu'il s'ensuit une action qui n'aurait pas lieu sans elle, et pour expliquer ce qui est si simple, ce qui est si conforme à ce que nous éprouvons nous-même, nous aurons recours à des ébranlements mécaniques incompréhensibles? Assurément nous ignorons ce qui produit la sensation et dans nous-mêmes et dans les êtres animés. Il y a bien d'autres choses que nous sommes condamnés à ignorer; mais le phénomène une fois donné, nous en connaissons les produits, et il me paraît impossible de les confondre avec des *résultats de mécanique*, quelque multipliés qu'on les suppose. »

Mais, laissons là cette digression métaphysique, déjà trop longue, pour rentrer dans la question.

Chez l'animal, comme chez l'homme, les facultés procèdent du cerveau.

Ces facultés sont les unes *volontaires*, les autres *involontaires*.

Les premières, excessivement bornées, constituent ce qu'on appelle « l'intelligence » de la bête;

les autres, remarquablement développées, représentent « l'instinct. »

Ces facultés sont sous la dépendance du système nerveux.

Les nerfs, on l'a dit, sont les dépositaires de toute sensibilité et, par conséquent, la trame première, la racine même de l'animalité.

Le degré de perfectionnement d'un animal est donc en raison directe du développement de son système nerveux. La vie animale ne peut exister sans les nerfs; eux, seuls, donnent la sensibilité et le mouvement; sans eux, tout n'est que repos et inertie.

Tel est, par exemple, le *règne végétal.*

C'est donc, par droit d'intelligence, que l'homme a pu assujettir la bête et la plier à tous ses besoins.

« Moins forte que beaucoup d'animaux, privée des armes puissantes que possédaient la plupart d'entre eux, l'espèce humaine domine le monde entier par la supériorité de son intelligence, et ses destinées sont elles-mêmes différentes de celles du reste des êtres créés (1). »

Nous venons de dire que le degré d'intelligence se mesure, chez tous les êtres organisés, au volume

(1) Paul Gervais, *Zoologie*.

du cerveau; ajoutons que cet organe, chez les félins, est suffisamment développé pour faire accorder à ces animaux une certaine somme d'intelligence. Mais il faut convenir, pour être vrai, que cet organe est proportionnellement moins volumineux chez eux que chez les animaux de l'espèce canine; ce qui tient, bien certainement, au peu de place que le prodigieux développement des deux mâchoires et des muscles qui les mettent en jeu a laissé à la boîte cérébrale.

On peut dire, d'une manière générale, que l'intelligence est le lien qui rattache à l'homme les différentes espèces domestiques.

Entre toutes, celle à laquelle appartient le chat ne tient pas la moins bonne place, et beaucoup de gens, comme nous l'avons vu dans un précédent chapitre, le préfèrent au chien. En revanche, d'autres l'accusent de trahison et de méchanceté.

> . . . . Le chat n'a mérité,
> Ni cet excès d'honneur ni cette indignité.

Cet animal appartient évidemment à une race calomniée, race qui a beaucoup de bon, est d'une grande utilité et, dont on peut dire, certainement, que les défauts sont moindres que les qualités.

En chargeant de sombres couleurs le portrait

du chat, Buffon a voulu en faire un repoussoir qui mît en relief la physionomie du chien, son animal de prédilection, celui dont il s'est fait l'éloquent panégyriste.

De là, peut-être, cette sorte de défaveur qui s'étend sur toute l'espèce féline.

Cependant, les mérites du chien n'excluent pas ceux du chat.

Aussi bien, nous ne voulons établir ici aucun parallèle entre ces deux animaux si différents par leur nature, si opposés par leur caractère, mais si précieux par tous les services qu'ils nous rendent.

Contraint, à l'état domestique, de vivre dans l'intimité du chien, son ennemi naturel, le chat, méfiant par tempérament, a vu encore s'augmenter sa méfiance, ce qui lui a valu de la part de l'illustre naturaliste des reproches que nous ne trouvons pas entièrement justifiés.

Le chat est une bête essentiellement indépendante.

A cause de cela, elle a les défauts de son caractère : elle est sauvage par poltronnerie, défiante par faiblesse et voleuse par besoin.

Mais, aussi, si l'on rend meilleure sa position dans la maison familière, tous ces défauts disparaissent.

D'où il suit, que le chat peut être pour l'homme, comme on le verra plus loin, un ami aussi doux, aussi caressant, aussi fidèle que le chien. Nous nous plaisons à le répéter, son caractère se modifie en raison des relations que son maître entretient avec lui.

Ceci n'est point une réhabilitation. L'animal dont nous écrivons ici l'histoire n'a pas besoin d'avocat. Les immenses services qu'il nous rend journellement parlent assez haut pour lui; et l'on peut dire, sans exagération, qu'ils ont fait de « maître Mitis » une bête précieuse à plus d'un titre.

Quand on a tant de qualités, on a bien le droit d'avoir quelques défauts.

« Le chat, dit Ernest Menault (1), a été de tout temps considéré comme un malin personnage, un être avec lequel il a toujours fallu compter. Nos plus grands génies ont rendu hommage à son intelligence. »

Rien n'est plus vrai.

Ne semble-t-il pas, en effet, que la Fontaine, cet esprit si observateur et si fin, se soit identifié avec

(1) *Intelligence des animaux.*

son personnage, quand il nous fait le portrait de

Rodilard, l'Alexandre des chats,
L'Attila, le fléau des rats,

qui, pour tromper la gent trotte-menu, invente ce malicieux stratagème :

Le galant fait le mort et, du haut d'un plancher,
Se pend la tête en bas : la bête scélérate
A de certains cordons se tenait par la patte.

Les souris flairent bien un piège ; elles sont hésitantes, mais le vieux routier joue si bien son rôle, qu'elles finissent par se laisser prendre à sa ruse :

Le pendu ressuscite et, sur ses pieds tombant,
Attrape les plus paresseuses,
Nous en savons plus d'un, dit-il, en les gobant :
C'est tour de vieille guerre.

Que ne nous dit-il pas, ce « nous en savons plus d'un ? » N'est-ce pas là la caractéristique de cet animal défiant, rusé, réfléchi, observateur, toujours en quête de moyens nouveaux pour faire tomber dans un piège la proie objet de ses convoitises ?

Finesse, habileté, dissimulation, rien ne lui manque à ce Machiavel à quatre pattes, à ce Talleyrand fourré et patelin !

« Pour le juger dans toute son intelligence, il faut le voir épier un oiseau. Comme il se ramasse en tapinois! comme il regarde à droite, à gauche, si personne ne le voit! Puis, l'oreille tendue, les yeux tout grands ouverts, il guette sa proie, miaulant quelquefois, mais si doucement qu'on sent qu'il veut attirer, tromper l'oiseau. Puis, quand toutes ses mesures sont bien prises, ses réflexions bien faites, avec la rapidité d'un trait, d'un bond, il tombe droit sur son gibier, et rarement il le manque (1). »

Et ce qu'il y a surtout de remarquable en cette bête, c'est la gracilité avec laquelle elle fait tout cela.

Chacun de ses mouvements est charmant, et son agilité est véritablement surprenante.

Écoutons, maintenant, ce qu'un observateur remarquable, Lentz, nous dit d'elle :

« J'ai souvent observé, raconte-t-il, un chat placé à l'affût, au milieu d'un certain nombre de trous de souris; il pourrait se placer de façon à les avoir toutes sous l'œil et à les dominer, mais jamais il ne le fait. S'il prenait position en face d'un trou, la souris non seulement l'apercevrait, mais ne sortirait pas ou, du moins, rebrousserait

(1) Ernest Menault (*loco citato*).

bien vite son chemin. Il se pose donc entre les diverses entrées et dirige son oreille du côté du trou près duquel un mouvement s'est produit; il se place de telle façon que la souris lui tourne le dos en sortant. Il est dans une immobilité absolue; sa queue même, ordinairement si mobile, est dans le repos le plus complet. Une souris sort-elle devant le chat, elle est immédiatement saisie; sort-elle derrière lui, elle est aussi vite sous sa griffe. Pour cette dernière, non seulement il sait qu'elle est sortie, mais il sait encore, comme s'il la voyait, quelle est la place où elle se trouve; il se retourne donc brusquement et pose sûrement sa patte sur elle. »

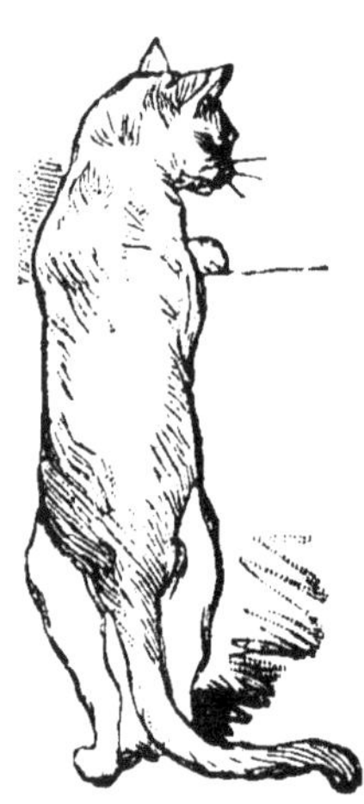

« J'ai connu, dit Vosmaer (1), un chat qui savait ouvrir une petite armoire, dans la cuisine où l'on gardait les viandes et qui se fermait par un petit tourniquet en bois. Il en prenait le bouton entre ses pattes et le remuait jusqu'à ce qu'il le fît sauter. A une campagne de mon cousin, il y avait un chat qui, le soir, voulant entrer dans la mai-

(1) *Recueil exquis d'animaux rares*. Amsterdam. 1804.

son, lorsqu'il la trouvait fermée, frappait distinctement à la porte. La première fois que je l'entendis et qu'on m'eut dit que c'était le chat je ne voulais pas le croire ; mais, un autre soir, y ayant pris garde, je fus bientôt convaincu de la vérité. L'entrée de cette maison, sur le devant, était fermée d'un perron à double escalier, sous lequel les domestiques entraient par une porte basse en descendant quelques degrés bornés, de chaque côté, par un mur à hauteur d'appui. Cette porte basse avait un marteau ordinaire. Le chat, voulant entrer le soir dans la maison, le soulevait et le laissait retomber, répétant ce manège à quelques instants d'intervalle, jusqu'à ce qu'on vînt lui ouvrir la porte. »

Le chat, du reste est un animal éducable. On peut lui apprendre à faire des tours de passe-passe, à danser en cadence, à sauter dans un cerceau ou à s'élancer par-dessus un bâton.

« Vers 1750, rapporte Buffon, le public assista, à la foire de Saint-Germain, à un concert de chats. Ces animaux recouverts d'un vêtement uniforme étaient postés dans des stalles où l'on plaçait un cahier de musique devant eux. Au milieu des virtuoses se trouvait un singe qui battait la mesure. A un signal convenu, les chats poussaient des cris ou plutôt des miaulements, dont la diversité formait des sons plutôt aigus que graves, ce qui était tout à fait risible. Quelques violons accompagnaient cette musique discordante. Un grand nombre de personnes, parmi lesquelles des gens très graves, allèrent maintes fois se dérider, pendant quelques instants, à ce spectacle singulier. »

S'il faut en croire deux savants, Grew et Leclerc, les chats sont assez bien organisés pour la musique :

« Ils sont capables de donner diverses modulations à leur voix et dans l'expression des différentes passions qui les occupent, ils se servent de différents tons. » Si c'est cela qu'il faut appeler une organisation musicale, on peut dire que la plupart des mammifères sont sous ce rapport aussi bien doués que les chats, car le plus grand nombre d'entre eux se servent « de différents tons dans l'expression des différentes passions qui les occupent ».

Mais, voici qui est mieux :

« Aucune nuance ne leur est inconnue, depuis le ronron en pédale, jusqu'au *fortissimo* le plus aigu, en passant par toutes les transitions notées sur la musique des maîtres. Il est probable, presque certain, que ces dissonances qui nous agacent sont de réelles beautés, qui faute d'une intelligence musicale suffisamment développée nous échappent. Peut-être est-ce la musique de l'avenir, peut-être celle du passé, dans les temps préhistoriques, alors que probablement la délicatesse des organes humains était développée sur une échelle différente. Les arts ne sont-ils pas sujets à de grandes révolutions? Voyez, d'ailleurs, les Asiatiques : notre musique leur semble ridicule, et, par contre, nous trouvons que la leur n'a pas le sens commun (1). »

Quant à nous, nous inclinerions plutôt à croire que c'est la musique du passé. Nous n'en voulons pour preuve que la déification du chat par les Égyptiens. Nous avons vu qu'il joue dans la théogonie égyptienne le rôle que remplit Apollon, dieu de la musique, dans l'empyrée des Grecs.

Aussi bien, cette organisation musicale persiste après la mort du chat, puisque ses boyaux servent

(1) *Grand Dictionnaire universel du XIXe siècle*, art. *Chat*.

à fabriquer les meilleures chanterelles, ces cordes à violon sonores entre toutes !

On va peut-être nous accuser de multiplier les citations, mais nous avons entrepris de venger le chat de l'injustice de l'opinion. Aussi, tenons-nous à placer sous les yeux de nos lecteurs toutes les preuves, témoignant de son intelligence, qui valent d'être mises en lumière.

Lentz raconte qu'un habitant de Walterhausen possédait un chat qui s'était habitué à ne jamais rien prendre sur la table. Un jour, il arriva au logis un nouveau chien gourmand, qui grimpait sur les chaises et les tables pour satisfaire sa gloutonnerie. Le chat commença par le regarder, à plusieurs reprises, d'un air irrité, puis il se plaça près de la table et, aussitôt que le chien sautait sur une chaise, il sautait lui-même sur la table et donnait au fripon un coup de patte bien appliqué.

Un ami des chats, Champfleury, nous fournit un autre exemple de la sagacité de ces animaux :

« Après déjeuner, dit-il, j'avais pour habitude de jeter le plus loin possible, dans une pièce voisine, un morceau de mie de pain, qui en roulant excitait mon chat à courir. Ce manège dura plusieurs mois. Le chat tenait cette miette de pain pour le dessert le plus friand. Même, après avoir mangé de la viande, il attendait l'heure du pain et guettait juste le moment où il lui semblait extraordinairement gai de courir après le morceau de mie.

« Un jour, je balançai longuement ce pain que le chat regardait avec convoitise et, au lieu de le lancer par la porte, dans la pièce voisine, je le jetai derrière le haut d'un tableau, séparé du mur par une inclinaison légère. La surprise du chat fut extrême. Épiant mes mouvements, il avait suivi la projection du morceau de pain, qui, tout à coup, disparaissait. Le regard inquiet de l'animal indiquait qu'il avait conscience qu'un objet matériel traversant l'espace ne pouvait être annihilé. Un certain temps, le chat réfléchit. Ayant argumenté suffisamment, il alla dans la pièce voisine, poussé par le raisonnement suivant : Pour que le morceau de pain ait disparu, il faut qu'il ait traversé le mur. Le chat désappointé revint. Le pain n'avait pas traversé le mur; la logique de l'animal était en défaut.

« J'appelai de nouveau son attention par mes gestes, et un nouveau morceau de pain alla rejoindre le premier derrière le tableau. Cette fois, le chat monta sur le divan et alla droit à la cachette. Ayant inspecté, de droite et de gauche, le cadre, l'animal fit si bien de la patte qu'il écarta du mur le bas du tableau et s'empara ainsi des deux morceaux de pain. »

N'est-ce pas là de la sagacité doublée d'observation et de raisonnement ?

J.-J. Granville, cet observateur qui a si spirituellement « humanisé » tant de types animaux, n'a pas constaté, sur la figure du chat, moins de soixante-quinze expressions différentes, ayant toutes des rapports plus ou moins sensibles avec les signes provoqués par les passions sur la physionomie humaine.

Ces théories, jadis émises par le peintre Lebrun, ne sont point vaines.

On peut admettre, en effet, pour la bête, comme on l'admet pour l'homme, ce principe de la physionomie qui fait du visage comme le reflet de l'âme. Aussi, J.-J. Granville prétend-il que, plus l'animal avoisine la civilisation, plus sa physionomie doit être intelligente et susceptible d'expressions diverses, tout en confessant que, pour acquérir à cet égard une absolue certitude, il importerait de pouvoir suivre avec attention les passions de la vie libre sur la face des animaux sauvages.

L'idée ne lui est jamais venue, dit-il, d'aller se livrer dans les forêts à ses investigations philosophiques; il s'est borné à tourmenter son chat dans son atelier, pour l'obliger à poser devant lui, et la passion que la pauvre bête a le plus souvent exprimée a été, hélas! l'ennui.

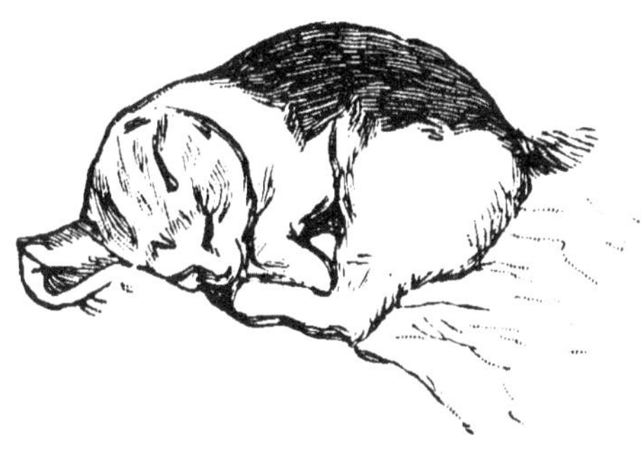

Mais laissons la parole à ce psychologiste des bêtes. Nos lecteurs n'y perdront rien. Les lignes qui suivent sont tracées par une plume aussi sensée que spirituelle :

« *Minet* dort. A quoi rêve-t-il? Le chien aboie en songe, poursuit le gibier, menace le voleur. *Minet* rêve-t-il chatte? rêve-t-il souris? rêve-t-il batailles et gouttières?

« Les mâchoires se desserrent, les oreilles frémissent, les pattes se raidissent, le dos se resserre, s'élève et se voûte. C'est le réveil, nulle idée de bien ou de mal ne prédomine encore.

« Les yeux fixés sur la terre, il est absorbé dans ses pensées. Cherche-t-il à percer le voile qui sépare son espèce, comme toutes celles des êtres inférieurs, de la perfectibilité humaine? Méditerait-il sur cet axiome d'un philosophe contemporain : « L'homme est une essence qui s'accroît; l'homme est une essence qui ne change pas. » Ou bien, est-il rappelé par de vagues réminiscences, au fond des bois d'où sa race est sortie, pour s'amollir dans la plus douce et la plus paresseuse des servitudes? Ou enfin, songe-t-il simplement à un bon souper fait la veille? Mais un bruit léger a rappelé tout à coup son esprit à la vie réelle, sa figure s'éclaire, son œil s'anime, c'est qu'une mouche vole et bourdonne devant les vitres, c'est qu'un frôlement a imité le rat qui trotte ou ronge; les yeux sont grands ouverts, fixes, rayonnants; ils se laissent pénétrer de tout ce qu'ils peuvent recevoir de lumière; ils contemplent le ciel ou les oiseaux du ciel, ou la jeune maîtresse parée pour le bal et dont la robe de satin miroite aux bougies.

« Vous êtes un fripon, *minet;* vous venez de dire un bon mot, de faire une malice, ou une jolie main caresse votre fourrure.

« Quelle différence à vos mauvaises heures, alors que vos yeux s'assombrissent, que vos sourcils se ferment, alors que vos joues, vos moustaches et vos lèvres fléchissent sous l'ennui! Mais aussi, pourquoi vous oblige-t-on à changer trop brusquement de position, ou pourquoi la pâtée n'est-elle pas toujours assez fournie de viande?

« Miss *Betty* traverse la cour en poussant un miaulement lamentable. Miss Betty a faim; on ne lui a pas encore donné son lait; la cuisinière est en retard et l'aura rudoyée; de là juste et touchante plainte.

« Voici, en opposition, un petit maître chat dont le minois spirituel, éveillé, peint une vive préoccupation. Il a été subitement interrompu au milieu de ses jeux par le retentissement d'un bassin de cuisine ou par l'approche d'une voix étrangère; il est prêt à s'élancer et à bondir.

« La douce vapeur d'une tasse de lait chaud et sucré émeut voluptueusement l'odorat de ce papelard. N'a-t-il pas la mine de ces convives friands, qui se confondent en excuses et en remercîments équivoques, tout en faisant emplir leur assiette jusqu'au bord? Il s'avance lentement et flaire avec attention; ses oreilles se dressent, ses yeux, largement ouverts, expriment le désir, sa langue impatiente, léchant ses lèvres, caresse et déguste à l'avance l'objet désiré. Il marche avec précaution,

4.

le cou tendu. Mais, il s'est emparé du liquide embaumé ; ses lèvres le touchent, il le savoure ; l'objet n'est plus désiré, il est possédé ; le sentiment de cet objet s'éveille, s'empare de l'organisme entier ; le petit chat ferme alors les yeux, se considérant lui-même, il fait le gros dos, il frémit voluptueusement ; sa tête se retire doucement entre ses deux épaules ; on sent qu'il cherche à oublier le monde, désormais indifférent pour lui.

« La convoitise naïve, à la fois curiosité et désir, s'éveille à la vue de la queue d'une souris ou d'une boule de papier que traîne au bout d'une ficelle l'enfant de la maison.

« Sans aucun doute, c'est après un copieux repas que ce véritable grippeminaud s'est posé si carrément pour faire sa sieste. Il clignote, ses joues se renflent, ne le troublez pas.

« Quelle mère caresse son fils et le débarbouille avec plus de grâce, plus amoureusement....... et quel marmot, en pareille circonstance, est aussi patient que le fils de la chatte !

« Attention, désir, surprise composent une nuance nouvelle d'une expression étudiée précédemment. C'est celle d'un chat devant lequel on avait placé un panier fermé. Soupçonnait-il une mystification ? se réjouissait-il de la surprise qu'on lui préparait ?

« Que dire de la satisfaction et de la somnolence? Ce délicieux état de quiétude est probablement causé par la mollesse et la chaleur d'un bon lit? Ce chat rappelle l'archiduc des chats fourrés dont parle la Fontaine :

Un chat vivant comme un dévot ermite,
Un chat faisant la chattemite,
Un saint homme de chat, beau, fourré, gros et gras.

« Si une main ou un bâton est levé sur sa tête, le chat, comme un écolier sous la férule de son maître, a peur : mais, tantôt, avec la volonté de résister, tantôt en se soumettant; peut-être se sent-il coupable. De quel crime? Il aura couvert de ses poils un fauteuil ou déchiré un rideau.

« On choie, on caresse, on chatouille cet épicurien; son œil est humide, ses lèvres entr'ouvertes laissent voir le bord d'une langue rose; sa gaieté s'épanouit. Comme la vie est pour lui douce et riante! Comme toute pensée triste ou soucieuse est éloignée de lui! Il a, n'en doutez pas, un grand mépris pour toute philosophie qui n'est pas celle du plaisir; il ne croit ni à la misère ni aux longues douleurs.

« On peut supposer les accidents les plus terribles pour expliquer l'effroi qui contracte cette autre figure de chat. Le malheureux animal est-il fasciné par la gueule béante d'un matou?

L'homme au crochet et à la hotte vient-il faire de sa peau un manchon, de sa chair un civet? »

Comme tout cela est vu! Comme on sent dans tous ces portraits-miniature la main de l'artiste observateur qui ne « fait rien de chic », mais, au contraire, s'attache au plus minime détail, afin de donner de son modèle la reproduction la plus fidèle, la plus vraie!

Ces preuves de l'intelligence du chat pourraient être multipliées à l'infini, car nous n'avons que l'embarras du choix; mais, comme il ne faut pas abuser, même des meilleurs arguments, nous nous contenterons de citer encore deux ou trois anecdotes empruntées à des auteurs dignes de foi.

Wood, qui a laissé un nom célèbre parmi les naturalistes d'outre-Manche, et, dont le témoignage peut être accepté sans conteste, raconte le fait suivant (1) :

« Il est mort, il y a très peu de temps, l'une

(1) *The illustrated natural history. Mammolia* (London).

des chattes les plus distinguées qui aient jamais pris une souris ou se soient couchées sur la natte d'un foyer. On l'appelait *Pret*, par abréviation de de *Prettina* (*Joliette*), et c'était tout à fait à bon droit qu'elle portait ce nom; car sa fourrure était aussi délicatement nuancée qu'elle était soyeuse. C'était la chatte la plus intelligente, la plus vive et la plus aimable qui se soit jamais rencontrée sur mon chemin.

A une époque où elle était fort jeune encore, sa maîtresse fut atteinte d'une maladie nerveuse. Elle s'aperçut tout de suite de son absence, se mit à la chercher et se posa près de la porte de sa chambre jusqu'à ce qu'elle eût trouvé l'occasion de s'y glisser. Elle fit alors tout son possible pour l'amuser et la distraire de son mieux; puis, quand elle vit qu'elle était trop souffrante pour jouer avec elle, la gentille *Pret* se mit près d'elle et se constitua sa garde-malade. Il n'y aurait pas eu beaucoup de personnes qui eussent été en état de le lui disputer pour la vigilance, ou de montrer à l'égard de sa maîtresse des soins plus délicats. Mais, ce qu'il y eut surtout de prodigieux à voir, ce fut la rapidité avec laquelle elle apprit à connaître les différentes heures auxquelles celle-ci prenait ses médicaments ou de la nourriture, ainsi que de la régularité avec laquelle elle éveillait, au moment fixé, en la mordant légèrement au nez, la garde-malade qui se laissait aller parfois au sommeil. La pauvre bête faisait attention, jusque dans les moindres détails, à tout ce qui arrivait à sa maîtresse, et aussitôt que cette dernière la cherchait du regard, elle était près d'elle en un clin d'œil en faisant entendre un ronron plein d'affection. Ce qu'il y avait certainement de plus extraordinaire dans tout cela, c'est qu'elle se trompait à peine de cinq minutes dans ses calculs, pendant la nuit comme pendant le jour. Il n'y avait aucune pendule dans la chambre où la malade était couchée et cependant la chatte savait l'heure à une minute près.

« Je doute, — continue Wood, — qu'il y ait aucun autre animal au monde qui demande autant d'affection que le chat ou bien qui soit aussi capable de répondre à l'affection qu'on lui témoigne. *Pret* avait de larges affections, mais il n'y avait guère que peu d'objets qui fussent en butte à sa haine. Les grondements du tonnerre la remplissaient d'effroi et, ce qu'elle détestait surtout franchement, c'étaient les sons grêles et agaçants de toute espèce d'orgues de Barbarie. Dans les temps d'orage, elle se refugiait, en tremblant, sur les genoux de sa maîtresse pour y réclamer du secours, ou bien se cachait sous ses vêtements. Elle n'avait aucune sympathie pour la musique, et, en particulier, comme nous l'avons dit, pour les orgues portatives. Cependant il serait possible que ses sens eussent été désagréablement affectés plutôt par la vue des vêtements déguenillés des exécutants que par les sons énervants de l'instrument lui-même. L'aspect des gens habillés d'une manière excentrique lui était, en effet, très désagréable et, dès qu'il se présentait une personne mal vêtue, elle manifestait ses dispositions par des grognements de colère. »

Pour faire pendant à l'histoire de cette chatte et pour bien montrer, comme le prétend Wood, que le chat est capable de rendre avec usure l'affection qu'on lui témoigne, nous ne pouvons mieux faire que de mettre sous les yeux de nos lecteurs ce narré touchant dû à la plume de M. G. de Cherville, un écrivain animalier qui sait subordonner la finesse du style aux exigences de l'observation :

« Dans une ville de province, une vieille femme

étant tombée gravement malade, fut transportée à l'hospice sur le brancard des indigents.

« Cette femme avait pour unique compagnon, dans son taudis, un chat qu'elle se désolait de laisser à l'abandon. Deux jours après, au milieu de la nuit, elle fut réveillée par un ronronnement qui la fit tressaillir; un chat sauta sur son lit et vint se frotter à son visage : c'était le sien.

« Comment cette bête avait-elle pu réussir à retrouver l'endroit où on avait transporté sa maîtresse au milieu d'une ville de 25,000 habitants et en franchissant plus d'un kilomètre? Ceci est un secret de cet instinct dont nous avons bien peu pénétré les mystères.

« Toujours est-il que la bonne femme étant morte quelque temps après, les sœurs de l'hospice essayèrent de conserver le chat dont l'attachement les avait touchées; elles y réussirent pendant deux jours, durant lesquels il resta constamment couché sur le lit qu'avait occupé la malade. Ce lit ayant été donné à un nouveau venu, l'animal disparut et on ne le revit plus ni à l'hospice ni à son ancien domicile (1). »

Bernardin de Saint-Pierre, enfant, trouva un jour dans l'égout d'un ruisseau un malheureux chat blessé, poussant des cris déchirants et près de mourir. Il le prit, le porta dans sa mansarde, lui fit un lit de ses vêtements, sans cesser un seul jour de lui apporter à manger. Bientôt le chat se rétablit. Aussitôt guéri, il s'élança, avide de liberté, sur les toits, courant sus à tous les rats du voisinage. L'auteur de *Paul et Virginie* racontait volontiers ce trait de sa jeunesse et il ajoutait que son protégé, ennemi furieux du genre humain qui l'avait presque réduit à la mort, garda aux hommes, en général, une haine implacable, tandis qu'il lui avait conservé à lui, Bernardin, une reconnaissance absolue. Il ne se laissait approcher et caresser que par lui.

« La première fois que je racontai cette petite aventure à Jean-Jacques Rousseau, disait Bernardin de Saint-Pierre, il fut touché jusqu'aux larmes et je crus un instant qu'il allait m'embrasser. »

(1) *Les Bêtes en robe de chambre*, Firmin-Didot et Cie, éditeurs.

Voilà un trait qui témoigne d'une singulière reconnaissance. Combien d'hommes en pourraient offrir autant!

Voici maintenant un trait de malice rapporté par Eugène Muller dans ses *Animaux célèbres* :

« On connaît au moins de nom la *machine pneumatique*. C'est un appareil formé d'une cloche de verre de l'intérieur de laquelle, par une communication établie avec un corps de pompe, on extrait l'air, en sorte qu'il ne reste plus sous la cloche qu'un espace; ce rien reçoit le nom de vide et dans ce vide les animaux ne peuvent plus respirer.

« Or un jour, certain physicien, pour rendre cette vérité palpable aux yeux de ses disciples, fait prendre un jeune chat qu'il avait dans sa maison, et l'introduit dans la cloche à expériences. L'animal s'agite dans sa prison de verre, saute, se débat; mais l'appareil est solidement maintenu : l'évasion est impossible. « Vous allez voir, dit le « physicien, à mesure que je pomperai, l'air se « raréfiant dans la cloche, la bête aura la respi- « ration de plus en plus difficile, et si je continue « à agiter le piston, un moment viendra où se ter- « minera l'asphyxie, que nous arrêterons cependant « dant avant qu'elle soit complète, en laissant « l'air rentrer sous la cloche; et le chat aussi- « tôt reprendra toute sa vigueur. »

« Il dit et fait. Le pauvre chat, tout étonné du malaise qu'il éprouve, devient comme ivre, tombe, et palpitant, voit sa dernière heure venue..... Mais, l'instant d'après, il retrouve toute sa facilité de respiration, il renaît, il se relève ; pas de trace d'incommodité..... Et lui, sans doute, de chercher la cause de ce subit et étrange malaise, pendant que les assistants applaudissent à la parfaite réussite de l'expérience. On le lâche, et Dieu sait s'il s'éloigne rapidement, en jurant, à part lui, qu'on ne l'y rattraperait point.

« On l'y rattrapa cependant. Le physicien, voulant renouveler la démonstration, fait chercher le chat et voilà notre malheureux encore, fourré sous la cloche où l'on devient malade.

« Vous allez voir, Messieurs, recommença le « professeur, pendant que les auditeurs observent « de tous leurs yeux la contenance du chat, — « vous allez voir... » Mais on ne voit rien, sinon le jeune matou, qui, alors que le professeur mettait en jeu le piston de la pompe, pour aspirer l'air de la cloche, posait tranquillement sa patte sur l'orifice du tuyau par lequel l'air s'en fût allé, et la retirait quand il sentait qu'on permettait à l'air de rentrer. Et de même, à plusieurs reprises, si bien qu'on dut renoncer à l'expérience. »

Qui eut du succès ce jour-là? Ce fut le chat

bien plus que le professeur, pour avoir su si bien comprendre ce mécanisme de l'instrument de physique dont le fonctionnement avait failli, une fois, lui coûter la vie.

Une autre historiette, non moins célèbre, que nous relevons dans le même ouvrage :

« Au bon vieux temps, comme on a coutume de dire, le cuisinier des moines chartreux de Paris, qui allait servir le dîner des frères, constata l'absence d'une des portions qu'il croyait cependant avoir préparée. A vrai dire, on avait sonné à la porte; il avait dû aller ouvrir, et, par suite de ce dérangement, il avait sans doute mal fait le compte des parts. L'erreur réparée, il n'y songea plus. Le lendemain, à l'heure où tout était prêt pour le repas, un coup de sonnette se fait entendre. Le cuisinier court, ouvre la porte, regarde à droite, à gauche et ne trouve âme qui vive. On aura sonné par mégarde, ou par malice. Il revient à la cuisine et constate de nouveau qu'une part lui a été enlevée. Le troisième jour, même histoire. Alors il fallut bien aviser à éclaircir le mystère.

« Le dîner dressé, la sonnette carillonne : le cuisinier fait mine de sortir, mais reste aux aguets. Il voit aussitôt le chat de la maison s'élancer sur la table, prendre une des portions et détaler prestement. Voilà le voleur découvert; mais le tireur de sonnette? Vous l'avez deviné sans doute? C'était le même personnage, qui avait remarqué que le bruit de la cloche éloignait le cuisinier, et qui allait tout d'abord se pendre au cordon, pour venir ensuite profiter du dérangement causé. »

L'histoire rapporte que les moines rirent beaucoup de la ruse de leur chat et décidèrent, en chapitre, que pour qu'il ne fût plus exposé à commettre le péché de vol, il aurait chaque jour sa portion servie, comme chacun des membres du couvent. L'histoire ajoute encore que lorsque les chartreux voulaient rire, on faisait exprès d'oublier de servir la portion du chat, qui, immédiatement, courait à la sonnette.

Mais que direz-vous de ce chat patriote dont la conduite a été racontée tout au long, après l'Année terrible, par un journal de l'Est :

Dans une des principales maisons de Nancy, se trouvait un chat qui avait voué aux Prussiens une haine violente. Autrefois, ce chat était d'humeur douce et caressante pour tout le monde ; il partageait les jeux des enfants, se prêtait à leurs caprices, supportant stoïquement leurs taquineries et leur turbulence, et ne se serait jamais permis de leur décocher un coup de griffe.

Depuis la guerre ce chat était devenu sombre, et la vue d'un soldat prussien le faisait entrer en fureur; son poil se hérissait et il faisait jaillir des fusées irritées, rien qu'en saisissant dans l'air l'odeur d'un Allemand.

L'inexorable impôt du logement avait donc amené dans la maison de ce chat si hostile à l'ennemi un officier auquel il fit, dès son arrivée, le plus terrible accueil.

Ses maîtres, polis et résignés, éprouvaient une intime satisfaction en voyant leur matou s'élancer sur la poitrine bombée et serrée de l'officier, et chercher à le mordre et à lui labourer sa longue et jaunâtre figure de coups de griffes.

L'officier fut d'autant plus affecté de cette réception dont le cœur ne faisait nullement les frais, que, comme beaucoup de ses compatriotes, il aimait les chats et, qu'avant cette agression dont il fut l'objet, il se préparait à nouer avec celui-ci des relations amicales et un échange de bons procédés.

Il essaya, mais en vain, de se mettre dans les bonnes grâces de l'animal, qui, sourd aux représentations de ses maîtres, dès que les émanations du Teuton arrivaient à son nez subtil, se précipitait dans l'escalier pour livrer ouvertement bataille au Prussien, ami des chats. Les choses en étaient arrivées à un tel point que, pour pouvoir habiter tranquillement la maison, l'officier dut exiger que son ennemi fût tenu en charte privée. Et, malgré toutes les tentatives de conciliation faites par lui ou par les gens de sa nation, ou plutôt de son uniforme, la paix n'a jamais pu être conclue entre ce chat français et les ennemis de la France.....

Nous le répétons, nous pourrions citer encore bien des faits de cette nature, mais, comme dit Horace, la langue même du bavard Fabius y renoncerait, — tant ils sont nombreux.

Cætera de genere hoc — adeo sunt multa — loquacem
Delassare valent Fabium. . . . .

Il n'est personne, en effet, parmi ceux qui affectionnent le chat, qui n'ait quelque trait curieux à raconter de lui.

Aussi bien, après les preuves d'affection et d'intelligence que nous venons de mentionner, tout ce que nous pourrions rapporter serait, évidemment, d'une note affaiblie. Nous clorons donc ici la liste déjà longue des prouesses intellectuelles du chat.

En somme, il ressort de tous ces faits que cet animal mérite au plus haut point l'amitié de l'homme et qu'il est temps de répudier, une bonne fois, les idées fausses, les appréciations injustes, les préjugés défavorables et même les calomnies qui courent le monde à son sujet.

CHAPITRE IV.

MŒURS. — HABITUDES.

SOMMAIRE. — Les plus forts et les plus carnassiers des mammifères. — Comment la constitution anatomique d'un animal règle ses actions. — Une page philosophique. — *La force prime le droit.* — Mauvais coureur, mais agile animal. — Une bête qui retombe toujours sur ses pattes. — On peut manquer de courage, mais se défendre avec héroïsme. — Une véritable constitution météorologique. — Propre et coquet comme personne au monde. — Observation judicieuse. — Une médisance.

Lorsqu'on étudie les félins en anatomiste, on peut aisément se convaincre que ces animaux sont organisés, incontestablement, pour être les plus forts et les plus féroces parmi les carnassiers.

Et, si l'on examine le prodigieux développement des mâchoires du chat et la conformation de ses dents, on voit que la disposition anatomique des unes et des autres est en corrélation parfaite avec ses mœurs et ses habitudes.

Nous avons dit plus haut quelle est la composition de son système dentaire et la forme parti-

5.

culière des organes qui le composent; nous avons dit aussi quelle est la puissance des muscles qui mettent en jeu les mâchoires, — nous ne reviendrons pas sur ce point.

« Donnez-moi la dent d'un animal et je vous dirai ses mœurs et sa structure! » s'écriait l'illustre naturaliste, dont le génie a su faire revivre tout un monde disparu.

En effet, grâce à ses magnifiques travaux, on peut aisément, aujourd'hui, par la grosseur et le volume d'une dent, juger de la taille d'un animal; par la configuration de cette dent, apprécier si elle est propre à déchirer la chair ou à broyer des végétaux. Et, comme tout se coordonne dans la nature, le reste de la structure se devine. C'est ainsi que, non seulement la disposition de l'estomac et de l'intestin, mais encore la configuration du pied, — qu'il soit constitué par des griffes ou des sabots, — viennent forcément corroborer la conformation de l'appareil dentaire.

Ainsi, l'on peut voir dans la constitution anatomo-physiologique de chaque animal la raison de ses actes.

Ce n'est pas avec ses dents aigues que le chat pourrait, — comme le mouton par exemple, — broyer des herbes pour sa nourriture. Ce n'est pas avec son estomac simple, membraneux et abreuvé de sucs irritants, qu'il lui serait possible de réduire, d'assimiler ces herbes. Nous n'en voulons pour preuve que la façon dont il rejette sans les digérer les végétaux qu'il ingère, par accident.

Aussi, une pareille organisation lui impose-t-elle des instincts sanguinaires, qui forment un contraste saisissant avec la vie toute pythagoricienne de l'herbivore, — sa proie naturelle.

« Plus les animaux sont intelligents et sensibles, plus leur destruction par d'autres semble accompagnée de cruauté et d'injustice; mais, peut-on dire que le lion et le vautour soient coupables? La nature ne les a-t-elle pas justifiés par leur organisation et le besoin de vivre de chair et de sang? Les animaux se doivent-ils quelque chose entre eux? Ont-ils des liens communs de confraternité qui les lient? Ne voit-on pas, partout sur le globe, régner la force plutôt que l'équité, même entre les nations les plus civilisées, par cet horrible abus de la puissance, tour à tour, dès les âges les plus antiques? Si la rage et la guerre sont les seules lois que reconnaissent soit les animaux entre eux, soit les hommes qui leur ressemblent, dans quel monde abominable avons-nous donc été jetés? Mais, peut-être que le contrepoids et l'équilibre entre tous les êtres de la création ne pouvaient s'établir que par ces moyens; car nous voyons que chaque individu, se prévalant également de son intérêt propre, ne reconnaît rien de supérieur à sa nature indépendante. »

Cette belle page philosophique dans laquelle perce une forte pointe d'amertume est de J.-J. Virey, l'éminent auteur des *Mœurs et instincts des animaux*.

On ne saurait nier sa justesse, surtout quand on a vu, comme en ces derniers temps, des nations qui se disent civilisées mettre en pratique ce monstrueux axiome : « La force prime le droit. » « Lorsqu'on observe la nature, dit l'illustre naturaliste dont l'esprit génial a enfanté la théorie de *l'origine des espèces,* Darwin, il est absolument nécessaire d'avoir toujours présent à l'esprit que chaque être vivant autour de nous, doit être regardé comme s'efforçant, dans toute la mesure de son pouvoir, de multiplier son espèce; que chaque individu ne vit qu'en raison d'un combat livré à quelque grande période de sa vie et dont il est sorti vainqueur, et qu'une loi de destruction inévitable décime soit les jeunes, soit les vieux à chaque génération successive ou seulement à des intervalles périodiques. »

C'est sur ce grand principe de la concurrence vitale *struggle for life* et sur celui non moins

Les premiers ébats.

grand qui résulte de cette lutte universelle, la sélection naturelle *natural selection,* que repose tout le système de Darwin, — système qui tranche par une solution mixte la question si controversée et insoluble dans les termes où elle a été posée jusqu'ici, de l'unité ou de la multiplicité des types originels de toutes les espèces en général et de l'espèce humaine en particulier.

Mais, c'est trop nous écarter de notre sujet. Revenons-y donc, pour connaître maintenant quelles sont les aptitudes qui prédominent chez l'animal dont nous étudions en ce moment les mœurs.

Bien que doué d'une grande vigueur et de beaucoup d'agilité, le chat est mauvais coureur. Ceci se comprend : ses membres et sa colonne vertébrale sont doués d'une telle flexibilité qu'il ne peut, — sans de grands efforts, — leur imprimer cette rigidité si nécessaire à la course.

Aussi, le lion et le tigre ne forcent-ils jamais leur proie. Marchant sans bruit, ils vont se tapir dans un repaire touffu, généralement près d'un cours d'eau ou d'une source; là, ils attendent, en silence, l'animal qui vient s'y désaltérer et, d'un bond, ils fondent sur lui. Repus, ils se retirent dans leur antre, attendant dans un sommeil profond que la faim les force, de nouveau, à en sortir.

Le chat ne court guère que lorsqu'il est effrayé

ou poursuivi : sa marche, alors, se transforme en une série de bonds puissants, qui le mettent facilement hors d'atteinte. Du reste, il grimpe, avec la plus extrême facilité sur les arbres, les murs, les gouttières, les toits, etc.

Il se plie, se courbe, s'allonge sans la moindre difficulté : c'est pourquoi sa démarche est d'une grâce infinie. On peut dire que chacun de ses mouvements est charmant. Et, quand il se promène avec cette morbidesse qui n'appartient qu'à lui, ses griffes rentrées dans leur étui de velours, il appuie sur le sol si doucement qu'aucun bruit ne trahit sa présence.

D'où qu'il tombe, il se retrouve toujours sur ses pattes. Il n'est pas rare de voir, dans Paris, des chats tomber d'un troisième, d'un quatrième et même d'un cinquième étage, qui se remettent sur leurs jambes en atteignant le pavé de la rue.

« Je n'ai jamais réussi, dit Brehm, à faire tomber un chat sur le dos, même en le tenant le ventre en l'air, à une très faible hauteur, au-dessus d'une table ou d'une chaise. »

Schettlin, qui a beaucoup étudié le chat, dit, en parlant de lui :

« Si nous portons nos regards sur une des principales facultés du chat, son extrême mobilité nous frappe avant tout. Quelle agilité lorsqu'il se retourne en l'air pour ne pas tomber sur le dos, même lorsque la hauteur est de quelques pieds seulement ! La faible résistance de l'air suffit pour lui donner, comme aux oiseaux, le pouvoir de se retourner. »

Ne pourrait-on admettre, pour expliquer cette façon de diriger sa chute, qu'il se sert de sa queue comme d'un gouvernail ? Nous faisons cette question en passant, laissant à de plus compétents le soin de la résoudre.

« Au physique, comme au moral, poursuit l'auteur que nous venons de citer, le chat vise toujours à s'élever ; il ne connaît pas le vertige ; ses nerfs sont à toute épreuve. Il grimpe au sommet des sapins les plus hauts, sans s'occuper de savoir comment il en descendra ; cependant la peur ne lui est pas inconnue, car quelquefois il reste perché à une grande élévation, en réclamant du secours, sans oser descendre, et, lorsqu'enfin il se décide à regagner le sol, il ne le fait qu'à reculons. Il cherche toujours à arriver le plus haut possible, c'est-à-dire à atteindre la perfection dans l'art de grimper ; pourtant, il n'est pas sans avoir conscience du danger qu'il court; les animaux inférieurs seuls sont insouciants. Lorsqu'on veut le faire tomber il s'accroche après tout ce qui l'entoure. »

Rien de plus vrai que ce tableau.

Le chat, qui est si puissamment pourvu d'armes offensives et défensives, devrait être d'une bravoure à toute épreuve. Eh bien, il n'en est rien.

Comparé au chien, le chat a peu de courage.

Le courage, en effet, est un des résultats de l'intelligence et, pour s'affirmer, il lui faut forcément dominer l'instinct de la conservation. Aussi l'homme est-il le plus courageux de tous les animaux, — comme il en est le plus intelligent.

Parfois, cependant, la stupidité peut tenir lieu de courage, soit en empêchant de constater toute l'étendue du danger, soit en l'exagérant, comme chez les lâches, — qui ont, alors, le courage de la peur.

Ce n'est pas à dire, pourtant, que le chat soit un lâche. Car s'il ne peut immédiatement se soustraire au danger, il en prend bien vite son parti et se prépare au combat. Tout d'abord il assure ses derrières en s'adossant à un mur, par exemple; puis, le dos en contre-haut, le poil hérissé, l'œil étincelant, il attend bravement l'ennemi, toutes griffes dehors.

On a vu des chats, dans cette position, tenir

tête à plusieurs chiens à la fois, et les forcer à cesser leurs attaques.

Un animal aussi rompu à tous les exercices du corps ne peut pas ne pas savoir nager. En effet, il a le don de la natation, — même à un assez haut degré; mais, il faut dire qu'il n'use de cette faculté que lorsqu'il ne peut pas faire autrement. Il ne va jamais à l'eau, à moins qu'il n'y soit forcé; il l'évite au contraire. La pluie, même, lui cause toujours une sensation désagréable.

Est-ce à cette peur de l'eau qu'il doit, pour ainsi dire, ses facultés météorologiques?

Nous ne disons pas non.

Il n'est guère, en effet, d'organisation plus impressionnable dans toute la série animale.

Chaque geste, chaque attitude indique chez lui une modification à venir dans l'état de l'atmosphère.

S'il fait beau et qu'il promène avec insistance sa patte sur sa tête, attendez-vous au mauvais temps; s'il pleut, au contraire, et que vous remarquiez le même manège, espérez un ciel pur. Le froid s'apprête-t-il à sévir? le vent doit-il bientôt souffler avec violence? Immédiatement, vous le voyez coucher son poil pour concentrer sa chaleur et ne laisser aucune prise à l'aquilon. En revanche, s'il pressent un temps chaud, vous l'apercevez dressant son poil pour laisser rayonner toute sa chaleur naturelle, afin de diminuer sa température normale.

Où trouver des facultés plus en rapport avec la logique des choses ?

Pourtant, malgré sa haine pour l'élément liquide, le chat, quand la faim l'aiguillonne, sait bien faire taire son aversion naturelle pour tirer de l'eau le poisson qu'il convoite.

De même, menacé par le danger, pressé par la peur, il n'hésite pas à se jeter à l'eau pour se mettre hors d'atteinte.

« J'ai vu moi-même, dit Jonathan Franklin, dans la *Vie des animaux*, une chatte fendre à la nage une petite rivière pour ressaisir ses petits qui étaient entraînés par le courant. Elle les ramena, les uns après les autres, sur le rivage, après les avoir saisis par le cou avec ses dents. ».

Comme le chien, le chat s'assied sur son derrière, en s'appuyant sur les deux pattes de devant. Veut-il dormir, il s'enroule et se couche sur le côté, en ayant le soin de chercher un lit aussi moelleux et aussi chaud que possible. Mais, en toutes circonstances, il aime à dormir découvert.

Nous avons vu, dans un précédent chapitre, que le toucher, la vue et l'ouïe sont chez le chat les sens les plus remarquablement développés : nous avons vu également que le goût et l'odorat sont, au contraire, assez restreints. Inutile donc de revenir sur ces questions.

L'amour du chat pour la propreté est excessif.

Quel soin il prend de son pelage ! Comme il le lèche, le lisse à tout instant, à l'aide de sa langue

dure comme une brosse ! Il ne faut pas qu'un poil dépasse l'autre. Et, pour lustrer sa tête, comme il y passe et repasse ses pattes qu'il a pris le soin de mouiller auparavant d'un peu de salive ! Et ce n'est pas seulement une fois par jour qu'il se livre à ces frais de toilette, c'est dix fois, c'est vingt fois, — c'est-à-dire autant de fois qu'il est nécessaire pour rendre brillants ou disposer, suivant ses instincts de coquetterie, les poils soyeux de sa fourrure, ou encore pour en effacer toute souillure, si légère soit-elle.

Cette extrême propreté s'étend à tout.

Voyez-le gratter le sol pour y déposer ses excréments, qu'il recouvre ensuite de terre avec le plus grand soin. Existe-t-il quelque part, à sa portée, un peu de braise ou de charbon, il y court de préférence, car, — comme le fait remarquer fort spirituellement l'auteur de *l'Esprit des bêtes,* — il a découvert les propriétés désinfectantes du charbon longtemps avant qu'elles aient été même soupçonnées par les chimistes modernes.

Aussi bien cet instinct de propreté est, chez lui, traditionnel. Pline l'a signalé et du Bellay l'a célébré dans l'épitaphe assez naturaliste qu'il a composée pour la tombe de son chat *Bélaud :*

Il avoit cette honnêteté
De cacher dessous la cendre
Ce qu'il étoit contraint de rendre.

Le chat a le sentiment des distances. Voyez-le sur le point de sauter d'un toit à un autre : il s'arrête, il réfléchit, compare, se tâte et enfin, fort de sa vigueur et de son habileté, il s'élance. Alors,

Les caresses d'une mère.

plus d'hésitation; ce qu'il a fait, il le recommencera sans faire montre de la plus légère appréhension.

Il a le sentiment des lieux, plus qu'aucun autre animal domestique, car il est de sa nature essentiellement rôdeur. Dès qu'il prend possession d'un nouvel habitat, il visite toute la maison de la cave au grenier; aucun coin n'échappe à ses investigations. Ensuite, il explore le voisinage. C'est pourquoi on a pu dire de lui, avec un semblant de raison, qu'il est un animal purement local.

Il a le sentiment du temps : il connaît parfaitement l'heure des repas et il ne manque jamais d'accourir dès qu'il sait que le moment est venu de se mettre à table.

Il a le sentiment des sons : il reconnaît sans la moindre difficulté les habitants et les commensaux de la maison familière au timbre de leur voix et au bruit de leurs pas.

Le chat est une bête essentiellement modeste. Il ne se réjouit pas plus dans la victoire qu'il ne se montre honteux dans la défaite.

D'une effronterie que rien ne démonte, il ne perd jamais son sang-froid. On ne peut pas l'effrayer subitement comme le chien; on ne peut que le chasser.

Est-il coupable de quelque méfait, de quelque

6

larcin de rôt ou de fromage, pour parler comme le Fabuliste, vous croyez peut-être qu'il redoute d'être puni. Point. Lorsqu'il a été bien grondé, convenablement houspillé, il se sauve, se secoue, et n'y pense plus. Puis, vous le voyez revenir, quelques minutes après, aussi indifférent que si rien ne s'était passé, ayant complètement perdu tout souvenir de la correction qu'on vient de lui infliger.

« Le chat, a dit Rivarol, — mais Rivarol était un sceptique, — le chat ne nous caresse pas, il se caresse à nous. » Cette assertion un peu bien hasardée a fait, à elle seule, autant de tort au chat que toutes les réticences et les descriptions aigres-douces de M. de Buffon.

Si le chat, en effet, est très sensible aux caresses qu'on lui prodigue, il n'est pas de démonstrations qu'il ne fasse pour témoigner son affection aux personnes qu'il aime. Et, pendant tous ces épanchements de bonne amitié, il ne cesse de faire entendre, pour exprimer son contentement, ce bruit particulier, ce *ron-ron* qui fait dire, à Paris, qu'il *file*.

Ce n'est pas seulement chez le chat domestique que se perçoit le « ronronnement, » il est propre à toutes les espèces de félins, — même aux plus grandes.

L'alerte.

De même tous les chats *feulent* en soufflant et en montrant leurs dents lorsqu'ils menacent, encore bien que leur voix varie beaucoup d'une espèce à une autre.

Ainsi, le lion rugit d'une voix creuse comme celle du taureau; la panthère fait entendre un cri qui ressemble à celui d'une scie, le jaguar aboie comme le chien; le chat, lui, miaule.

CHAPITRE V.

CLASSIFICATION.

SOMMAIRE. — Quelques mots sur la classification des félins. — Une œuvre difficile. — Trois sections principales. — Classification des *Chats proprement dits*. — Races sauvages. — Races domestiques.

« Sans méthode, dit Lesson, point de science, point de tradition sur les connaissances que chaque devancier lègue à ses successeurs. »

C'est pourquoi nous croyons utile d'initier nos lecteurs, en quelques lignes, à la classification des espèces qui composent le genre *felis*.

Cette classification, comme, du reste, toutes les classifications, ne laisse pas que d'offrir quelques difficultés, car, jusqu'à présent, on n'a pu saisir d'une façon suffisamment précise, la diagnose de toutes les espèces qui composent ce genre.

On ne peut pour cela que se baser sur certaines particularités secondaires appartenant à la denti-

6.

tion et au squelette, ou encore touchant la longueur de la queue, les pinceaux de poils dont sont ornées les oreilles de certains de ces animaux et, enfin, les diverses colorations du pelage.

La classification que nous adoptons ici est empruntée au *Dictionnaire d'histoire naturelle* de d'Orbigny.

Elle sépare les *Chats proprement dits* en trois sections :

La Première Section comprend les chats de l'ancien continent.

Tels sont :

Le *Lion* (*Felis Leo*, des naturalistes; *Azad*, des Arabes; *Gehab*, des Persans).

La *Panthère* (*Felis pardus*, L.; *Nemr*, des Arabes).

Le *Léopard* (*Felis Leopardus*, L.; *Felis pardus*, G. Cuv.; *Felis varia*, Schreb ; *l'Engoi* du Congo).

L'*Once*, de Buffon (*Felis uncia*, Schreb. ; *Felis panthera*, Erxleben).

Le *Serval* (*Felis Serval*, L.; *Chat du Cap*, de Forster; *Chat-pard*, de Perrault; *Servol*, de Buffon; *Felis Galeopardus*, de Desm.).

Le *Chat nigripède* (*Felis nigripes*, de Burchell et Griffith).

Le *Chat doré* (*Felis chrysotrix*, des naturalistes; *Felis aurata*, de Temm.).

Le Chat sauvage.

Le *Chat obscur* (*Felis obscura*, Desm. ; *Chat noir du Cap*, de Fr. Cuvier).

Le *Chat de Cafrerie* (*Felis Cafra*, de Desm.).

Le *Chat ganté* (*Felis maniculata*, de Rupp.).

Le *Chat du Bengale* (*Felis bengalensis*, Desm. ; *Felis torquata*, Fr. Cuvier ; *Chat du Nepaul*).

Le *Chat à taches de rouille* (*Felis rubiginosa*, d'Is. Geof. Saint-Hilaire).

Le *Chat domestique* (*Felis Catus*, de Lin.).

La Deuxième Section se compose des chats du nouveau continent.

Tels sont :

Le *Jaguar* (*Felis onça*, Lin. ; *Tigris americanus*, Bol. ; *Onza*, des Portugais ; *Tlallangui Ocolotl*, d'Hernandes ; *Yaguarete*, d'Azara).

Le *Couagar* (*Felis puma*, Traill. ; *Felis concolor*, Lin. ; *Lion puma*, des Espagnols ; *Tigre rouge*, des habitants de Cayenne ; *Mitzeli*, des Mexicains ; *Pagi*, des Chiliens ; *Guyacuarana*, de Marcgraaf).

Le *Chat unicolore* (*Felis unicolor*, Trail.).

Le *Yaguoarundi* (*Felis Yaguoarundi*, Desm.).

Le *Chalybé* (*Felis Cholybeata*, Herm.).

Le *Chat à ventre taché* (*Felis celodigaster*, Temm.).

L'*Ocelot* (*Felis pardalis*, Lin. ; *Chibigouazou*, d'Azarra).

Le *Chat enchaîné* (*Felis catenata*, Smith).

Le *Tlatco Ocelot* (*Felis pseudo-pardalis*, Hamilton Smith).

Le *Chat à collier* (*Felis armillata*, F. Cuvier).

Le *Chat ocelоïde* (*Felis macrousa*, Tem.).

Le *Chati* (*Felis nutis*, F. Cuv.; *Wredii*, Schintz).

Le *Guigna* (*Felis guigna*, Molina).

Le *Colocollo* (*Felis colocollo*, Molina).

Le *Margay* (*Felis Tigrina*, Lin.; *Chat de la Caroline*, Collinson).

Le *Chat élégant* (*Felis elegans*, Lin.).

Le *Chat nègre* (*Felis nigritia*, G. Cuvier).

Le *Chat de la Nouvelle-Espagne* (*Felis mexicana*, de Desm.).

La Troisième Section renferme les chats des îles asiatiques et de l'archipel indien :

Ce sont :

L'*Arimaou* (*Panthère noire*, des naturalistes; *Felis melos*, Per.).

Le *Kuwuc* (*Felis javanensis*, Desm.; *Chat de Java*, Cuv.; *Servalin*, des auteurs; *Felis minuta*, Temm.).

Le *Chat de Diard* (*Felis Diardii*, G. Cuv.).

Le *Chat longibande* (*Felis macrocelis*, de Temm.; *Tigre ondulé*, P. Cuv.; *Tigre à queue de renard*, de Horsfield; *Felis nebulosa*, Griff.).

Bien entendu ne sont pas compris dans cette nomenclature, encore qu'elle soit déjà fort étendue, les autres genres qui complètent la famille des Félins, tels que les genres *Lynx* et *Guépard*.

Les seuls animaux qui nous intéressent, et dont nous voulons nous occuper ici, font partie de la 1re section, c'est-à-dire des chats de l'ancien continent.

Pour en faciliter la description nous en ferons deux groupes bien distincts sous les titres de :

1° *Races sauvages,*
2° *Races domestiques.*

Il faut bien dire que ces deux groupes se touchent de très près, puisque le premier compte parmi les animaux qui le représentent le *Chat sauvage* et le *Chat ganté* que les savants ont considéré tour à tour comme la souche du chat domestique actuel.

Nous verrons plus loin ce qu'il faut penser de cette question d'ascendance tellement obscure, qu'en dépit des preuves apportées de chaque côté, on ne sait encore lequel des deux a le droit de revendiquer, sans conteste, cette paternité flatteuse.

Avant de commencer l'étude des mœurs et des caractères des races sauvages et des races domestiques, nous allons présenter leur classification.

CLASSIFICATION DES CHATS PROPREMENT DITS.

Races sauvages.	1° Le chat nigripède. 2° Le chat obscur. 3° Le chat doré. 4° Le chat manul. 5° Le chat de Cafrerie. 6° Le chat ganté. 7° Le chat du Bengale. 8° Le chat à taches de rouille. 9° Le chat sauvage.
Races domestiques.	1° Le chat domestique tigré. 2° Le chat d'Angora. 3° Le chat d'Espagne. 4° Le chat de Chine. 5° Le chat sans queue. 6° Le chat des Chartreux. 7° Le chat de Tobolsk. 8° Le chat du Khorassan. 9° Le chat de Roumanie. 10° Le chat du cap de Bonne-Espérance. 11° Le chat de l'île de Chypre.

CHAPITRE VI.

RACES SAUVAGES.

SOMMAIRE. — Le *Chat nigripède.* — Le *Chat obscur.* — Le *Chat doré.* — Le *Chat manul.* — Le *Chat de Cafrerie.* — Le *Chat ganté;* ancêtre du chat domestique d'après quelques naturalistes. — Preuves à l'appui. — Une observation de Ruppel. — Autre observation de Brehm. — Le *Chat du Bengale.* — Le *Chat à taches de rouille.* — Le *Chat sauvage,* autre ancêtre du chat domestique suivant d'autres naturalistes. — Autres preuves à l'appui. — Ses mœurs. — Comment on opère sa destruction. — Sa disparition progressive.

Les *Chats proprement dits* comprennent, comme on l'a vu dans le précédent chapitre, différentes races, les unes sauvages, les autres domestiques.

Sans vouloir donner grande attention aux premières, nous ne pouvons pas cependant ne pas les décrire, ne fût-ce que de façon sommaire.

Voici leur énumération accompagnée des principaux caractères qui les distinguent.

1° Le *Chat nigripède* (*Catus nigripes,* Lin. — *Felis nigripes* de Burchell et Griffith).

Il habite les forêts du cap de Bonne-Espérance et de toute la partie méridionale de l'Afrique.

7

Il a la taille de notre chat domestique.

Son pelage est roux, couleur de tan et parsemé de taches noires. Chez les individus avancés en âge, les taches de la partie supérieure du corps deviennent d'un brun foncé, tandis que celles de la partie inférieure se montrent, au contraire, d'un noir plus intense.

Le dessous des pieds est complètement noir; — de là son nom.

Ses oreilles sont ovales, obtuses avec le bord antérieur garni de très longs poils.

La queue est rousse et parsemée également de taches noires.

Il grimpe sur les arbres pour donner la chasse aux oiseaux et aux petits rongeurs.

2° Le *Chat obscur* (*Catus obscurus*, Lin.; — *Chat noir du Cap*, de Fréd. Cuv.)

Il est noir roux avec des bandes transversales d'un noir plus foncé.

Sa queue est formée de sept anneaux.

Sa taille est inférieure à celle du chat ordinaire.

Son naturel est fort doux.

Un individu apporté du Cap par Percy et donné à la ménagerie de Londres, y vécut quelque temps à l'état privé. Appelant les caresses des visiteurs, on le voyait, à tout instant, se frotter la nuque ou l'échine contre les barreaux de la cage qui le retenait prisonnier.

3° Le *Chat doré* (*Catus auratus*, Lin.).

Les naturalistes décrivent sous cette dénomination une espèce qui, nous semble-t-il, doit être plutôt reportée au Lynx.

Le chat doré, à s'en rapporter à la description de quelques naturalistes, a environ deux pieds et demi de longueur, non compris la queue. Celle-ci ne mesure que la moitié de la longueur du corps : mais, particularité assez curieuse, elle présente une bande brune qui s'étend tout le long de la ligne médiane; son extrémité est entièrement noire.

Les oreilles du chat doré sont courtes, arrondies, noires en dehors et rougeâtres en dedans.

Son pelage est très court, luisant, d'un rouge brun très vif, sans taches sur les parties supérieures, avec quelques petites taches brunes sur les flancs et le ventre. Ce dernier est d'un blanc rougeâtre et les quatre pattes sont d'un roux doré.

Sa patrie et ses mœurs sont encore inconnues.

4° Le *Chat manul* (*Catus manul*, Lin.).

Celui-ci est plus haut sur jambes et beaucoup plus vigoureux que le chat domestique; quelquefois même sa hauteur dépasse celle du renard.

Son pelage est un mélange de poils fauve clair et de poils bruns.

Il a la tête couverte de taches noires.

Ses oreilles sont courtes, larges et émoussées.

Sa queue est longue, touffue et garnie de longs poils.

Il habite les contrées montagneuses des steppes de la Tartarie et de la Mongolie.

Il a été découvert et décrit par Pallas.

Certains naturalistes le considèrent comme la souche des chats d'Angora. Cette ascendance nous paraît contestable.

5° Le *Chat de Cafrerie* (*Catus cafrus*, Lin.).

Cette espèce, qui habite la Cafrerie, d'où M. Lalande l'a rapportée, est d'un tiers plus grande que notre chat sauvage.

Son pelage est d'un gris fauve en dessus et blanchâtre en dessous.

Il a la gorge entourée de trois colliers noirs et, sur les flancs, vingt bandes brunes disposées transversalement.

Ses pattes de devant sont cerclées de huit bandes noires; celles de derrière de douze.

Sa queue est longue, marquée de quatre anneaux et terminée de noir.

6° Le *Chat ganté* (*Catus maniculatus*, Lin.).

Sa taille est à peu près celle du chat domestique.

Son pelage est d'un jaune fauve plus foncé sur la partie postérieure de la tête et sur la

Le Chat ganté.

ligne médiane du dos; il est plus clair sur le flanc et au ventre.

Le chat ganté a sur la tête sept ou huit bandes noires, arquées et étroites.

Sa queue est longue, jaune fauve en dessus, blanchâtre en dessous et noire à l'extrémité avec deux anneaux de cette couleur.

Sur le tronc se remarquent également quelques bandes transversales, étroites, un peu confuses; mais on les voit se dessiner plus nettement sur les jambes.

La face externe des pieds de devant est ornée de quatre ou cinq petites bandes transversales d'un brun noirâtre et la face interne de deux grandes taches noires.

La plante des pieds est complètement noire.

Ce chat, que l'on appelle encore le *Chat égyptien*, habite l'Égypte et la partie septentrionale de l'Afrique.

Beaucoup de naturalistes le considèrent comme la souche du chat domestique. Cette opinion semble assez recevable, attendu que le *Catus domesticus*, c'est-à-dire le chat domestique, paraît être originaire de cette contrée. Seulement il faut alors admettre, — ce qui n'est pas impossible, — que le type s'est légèrement modifié sous l'influence du climat et de la domesticité.

Ce chat a été découvert en Nubie par Ruppel.

C'est à cette espèce que semblent se rapporter le mieux les figures taillées dans la pierre des bas-reliefs des monuments de l'antique Égypte.

On en a même trouvé, comme nous l'avons dit plus haut, de nombreuses momies ce qui indique bien qu'à cette époque il vivait à l'état domestique dans le pays des Pharaons.

« Peut-être, dit Brehm, les prêtres ont-ils apporté l'animal sacré de Méroé de la Nubie méridionale en Égypte. De cette contrée il a pu passer en Arabie et en Syrie, plus tard en Grèce et en Italie et de là dans l'Europe occidentale et septentrionale. A des époques plus récentes les Européens, par leurs migrations continuelles, ont pu lui donner une plus grande extension.

« Les observations que j'ai faites, pendant mon voyage en Abyssinie, donnent quelque poids à ces conjectures. J'ai constaté que les chats domestiques des habitants de l'Hyméa et des Arabes de la côte occidentale de la mer Rouge ont identiquement la même couleur que le chat ganté et la gracilité caractéristique de cet animal. Dans ce pays, le chat domestique a un tout autre sort que chez nous; on s'en occupe à peine et on lui laisse complètement le soin de pourvoir à sa nourriture; mais ce ne sont certainement pas là les raisons de la piteuse mine qu'il fait, car un carnassier trouve toujours à se nourrir dans ces contrées. Je crois que le chat du nord-est de l'Afrique a conservé le plus fidèlement la forme originaire, c'est-à-dire qu'il a le moins subi les effets de la domestication. La couleur du chat domestique africain se rapproche le plus de l'espèce même. Cependant, l'on trouve dans ce pays, quoique rarement, une variété : le chat tricolore, aux couleurs blanche, noire et rouge jaune.

« J'ai possédé pendant un certain temps un chat ganté, mais je me suis efforcé, en vain, de l'apprivoiser un peu. Il avait été pris déjà vieux dans les steppes du Soudan oriental. On me l'apporta dans une cage, dont la solidité indiquait déjà la nature du prisonnier. Je n'ai jamais pu l'en sortir, car il ne souffrait pas qu'on s'approchât de lui ; il se mettait à crier, se démenant avec rage et cherchant à nuire. Toutes les corrections furent inutiles.

« Je ne puis dire, ajoute Brehm, si les jeunes sortant du nid s'apprivoisent, n'en ayant jamais eu à ma disposition. »

7° Le *Chat du Bengale* (*Catus bengalensis*).

Celui-ci, son nom l'indique, est originaire du Bengale.

Sa taille est celle du chat ordinaire : son pelage

est gris fauve plus foncé en dessus. Il a sur le front quatre bandes longitudinales brunâtres et deux sur les joues; il a, en outre un collier sous le cou et un autre sous la gorge. Le dos, les pieds et le ventre sont mouchetés de brun, la queue est brunâtre et cerclée d'anneaux peu apparents.

8° Le *Chat à taches de rouille* (*Catus rubiginosus*).

Il est plus petit que le chat domestique. Son pelage est gris rougeâtre en dessus, blanchâtre sur les flancs et au ventre; le dos est marqué de trois lignes longitudinales et les flancs sont semés de taches couleur de rouille, disposées également en lignes longitudinales.

Sa queue forme environ le tiers de la longueur du corps; elle est de même couleur que le pelage et entièrement dépourvue de taches.

Le ventre, au contraire, est parsemé de taches noirâtres disposées en lignes transversales mais irrégulières.

9° Le *Chat sauvage* (*Catus ferus*).

Nous citions plus haut un passage de Brehm revendiquant pour le chat ganté l'honneur d'avoir servi d'ancêtre au chat domestique, cet honneur Tschudi le réclame pour le chat sauvage :

« Nous penchons, dit-il, à considérer le chat sauvage comme la souche primitive du chat ordinaire, par la raison que tout ce qu'il y a d'essentiel dans leur organisation est conservé dans les deux types et qu'il est impossible d'attribuer positivement d'autre origine à notre chat, qui, il faut l'avouer, vit aussi dans le Midi et a été trouvé embaumé en Égygpte. C'est en Orient, et non pas chez nous, qu'on retrouve la souche de nos animaux domestiques. Aussi, a-t-on voulu voir dans le petit chat de Nubie l'ancêtre du nôtre. Mais cette espèce est encore loin d'être étudiée suffisamment et peut différer de l'espèce domestique autant que le chat sauvage. On sait combien une domesticité de plus de mille ans et le changement de nourriture modifient le type chez les animaux. »

On voit par ce qui précède que les avis sont très partagés relativement à l'origine du chat domestique et que le jour est loin d'être fait sur cette importante question. Mais qui nous dit que ce chat ne provient pas du croisement des deux races dont on veut à toute force le faire dériver?

Poursuivons notre description zoologique.

Plus grand et plus vigoureux que le chat ordinaire, le chat sauvage a le pelage épais, long et fourré. Sa couleur est gris noir chez le mâle et jaunâtre chez la femelle.

Du front qui est jaune roussâtre, partent quatre bandes noires parallèles, qui passent entre les oreilles, suivent le cou pour se réunir et se prolonger en une ligne qui suit la région dorso-lombaire et la partie supérieure de la queue. Cette ligne sert d'axe à un grand nombre de bandes transversales qui se dirigent vers le ventre.

Celui-ci est, d'ordinaire, jaunâtre et tacheté çà et là de petites plaques noires.

La queue est entourée d'anneaux noirs, d'autant plus foncés qu'ils se rapprochent davantage de son extrémité.

Les pattes, également jaunâtres, sont cerclées en dehors de bandes transversales noires.

Les moustaches sont plus longues, les dents plus fortes et plus tranchantes que celles du chat domestique; mais il a le tube intestinal plus court que ce dernier, ce qui s'explique, physiologiquement, par ses habitudes essentiellement carnassières.

Le chat sauvage est un ennemi redoutable pour tout le gibier des plaines et des parcs. Il attaque le lièvre en son gîte, la perdrix sur ses œufs, l'oiseau sur sa branche.

Il habite les grands bois, les forêts sombres, mais surtout les montagnes boisées, car les fissures des rochers lui présentent des retraites plus sûres, plus impénétrables que les arbres les plus élevés.

Il était jadis très abondant dans toutes les forêts d'Europe. Il commence heureusement, aujourd'hui, à y devenir assez rare.

Le Registre des chasses royales trouvé aux Tuileries, après les journées de juillet, constate qu'on n'en tua qu'un seul dans les forêts de Rambouillet, de Fontainebleau et de Compiègne, depuis la Restauration jusqu'en 1830.

En Suisse, « il ne se passe guère d'années, dit Tschudi, sans qu'on en tue un sur un point ou sur un autre. Dernièrement il en a été tué plusieurs dans le canton de Zurich, parmi lesquels un mâle de quinze livres. »

On rencontre encore le chat sauvage dans le Jura, surtout dans les districts de Nyon et de Corsonnay.

« Il est assez commun — au dire de Brehm, — dans la forêt de Thuringe pour qu'on ait pu, il y a quelque temps, en tuer seize dans l'année (douze individus adultes et un individu âgé de trois mois), en blesser un et prendre trois petits dans le nid. »

Il est à peu près certain que sa distribution géographique ne s'étend pas au-delà de l'Europe.

Pallas, qui l'a cherché dans la Russie d'Asie, ne l'y pas trouvé.

Tout porte donc à croire qu'il n'a pas franchi la chaîne des monts Ourals. On ne le rencontre pas non plus dans le Nord de l'Europe. Mais, en revanche, le lynx est assez commun en ces contrées.

Relativement à sa taille, le chat sauvage est un carnassier des plus dangereux. Il vit solitaire. Il se tient caché tout le jour et ne commence sa chasse que dès que les ombres de la nuit sont descendues sur les grands bois.

Sa nourriture principale consiste en souris, mulots, taupes, campagnols et petits oiseaux ; ce qui ne l'empêche pas de s'adresser, chaque fois qu'il en trouve l'occasion, au lièvre, au lapin et même à l'écureuil.

Quelques auteurs prétendent qu'il attaque aussi le faon et les petits chevreuils, mais cette assertion a grand besoin d'être confirmée.

Sur les bords des étangs, des lacs et des rivières, il sait parfaitement guetter le poisson et le harponner d'une griffe preste.

Il est surtout à redouter en hiver. A ce moment, il ne craint pas, s'il est poussé par la faim, d'entrer dans les villages et de porter le carnage au milieu des poulaillers et des parquets de faisans qu'il a tôt fait de dépeupler.

Il ne faut pas, cependant, toujours accuser le chat sauvage de ces tueries de volatiles. Il arrive bien quelquefois que le chat domestique abandonne les greniers de la ferme pour se livrer, lui

La famille du braconnier.

aussi, au braconnage; on en a vu quitter tout à fait la maison familière pour aller au plus profond des forêts vivre de la vie sauvage.

« Dans ce cas, dit M. Sauvey, le chat fugitif adopte exclusivement les mêmes mœurs et devient même plus redoutable que le chat sauvage lui-même, parce qu'il a plus de ruse et plus d'effronterie pour attaquer les animaux de route. »

Le chat sauvage ne se fait pas chasser; il fuit dès qu'il entend le plus léger bruit et va se cacher incontinent au milieu des fourrés, dans le creux des rochers ou sur les arbres.

On le détruit surtout au moyen des armes à feu.

On lui tend aussi des pièges, que l'on amorce avec de la viande ou un oiseau. Mais son naturel défiant les lui fait éventer le plus souvent.

Il y a un appât que l'on prétend infaillible, c'est la valériane, cette plante si fortement odorante, dont les chats raffolent et sur laquelle ils aiment tant à se rouler.

Dans certaines circonstances, la chasse au chat sauvage peut devenir dangereuse. On en a vu qui, blessés, ne craignaient pas de tourner leur fureur contre l'homme.

Pour le chasser, il faut choisir la saison des neiges. Il est alors plus facile de suivre sa piste et de trouver la retraite où il se recèle.

Heureusement ce brigand à quatre pattes, continuellement refoulé par la culture, tend de plus en plus à disparaître.

Nul ne s'en plaindra.

CHAPITRE VII.

RACES DOMESTIQUES.

SOMMAIRE. — Nombreuses variétés. — De la difficulté de les distinguer. — Un accouplement assez extraordinaire. — Le *Chat domestique tigré*. — Le *Chat d'Angora*. — Le *Chat d'Espagne* — Le *Chat de Chine*. — Le *Chat sans queue*. — Le *Chat des Chartreux*. — Le *Chat de Tobolsk*. — Le *Chat du Khorassan*. — Le *Chat de Roumanie*. — Le *Chat du cap de Bonne-Espérance* — Le *Chat de l'ile de Chypre*.

Nombreuses sont les races domestiques qui peuplent le globe, mais les caractères qui les distinguent les unes des autres sont tellement peu tranchées, parfois, qu'il devient souvent difficile d'en faire l'exacte description.

Il est même fort probable que certaines variétés — et en particulier celles qu'on rencontre en Asie — ne sont que des hybrides, dont les types spécifiques sont demeurés inconnus.

Le chat domestique — on le sait — s'accouple avec tous les autres chats. Certains naturalistes dignes de foi prétendent même qu'il s'accouple avec la fouine et qu'il produit alors des rejetons rappelant assez bien le dernier type par la couleur du pelage. C'est ainsi qu'ils expliquent chez le chat de Chine ces oreilles tombantes qui jurent si fort avec les formes traditionnelles de l'espèce.

Quoi qu'il en soit de cette assertion qui nous paraît bien osée, nous allons décrire d'une manière sommaire les différentes races domestiques qui peuplent les diverses contrées du globe en commençant par la plus commune, celle du *Chat domestique tigré.*

1° Le *Chat domestique tigré.* — C'est, pour ainsi dire, la « réduction Collas » du tigre.

Il est assez commun, surtout à la campagne, où on le rencontre dans la plupart des fermes.

Il a, d'ordinaire, le pelage fauve grisâtre avec les surfaces inférieures d'un fauve clair, le nez, le tour des lèvres et la plante des pieds noirs.

Il a sur la tête de petites bandes noires arquées et étroites; sa queue est longue et cerclée d'anneaux noirs jusqu'à l'extrémité; la ligne du dos est noire, les pattes sont annelées de bandes noires transversales et l'on remarque également sur les cuisses cinq ou six bandes de même couleur.

A côté du chat domestique tigré se trouvent d'autres variétés blanches, grises ou noires. Aucune de ces couleurs n'est héréditaire et parfois, dans une seule portée, on rencontre autant de sujets de couleurs différentes qu'il y a de petits.

Les chats blancs constituent en quelque sorte les albinos de l'espèce; ils sont en général délicats et sujets à la scrofulose. Ceux qui, avec la robe blanche, ont les yeux bleus, sont toujours atteints de surdité. Au contraire, les noirs et les gris sont de vigoureuses bêtes. Il n'est pas rare de voir ces différentes couleurs mélangées entre elles sur un même animal: les uns n'ont le pelage que de deux couleurs, les autres de trois. Les individus qui présentent à la fois les trois couleurs, sont, singularité inexplicable, toujours des femelles.

2° Le *Chat d'Angora*. Celui-ci est un des plus beaux chats qui se puissent voir. Il est remarquable par sa grande taille et par la longueur et la finesse de son poil qui est très fourni surtout au cou, où il forme comme une large fraise et au ventre et à la queue.

Le pur angora est une bête rare; la plupart des spécimens qu'on rencontre proviennent de son croisement avec les autres races. On désigne ces produits sous le nom de demi-angoras. Son pelage est variable; il est généralement blanc et plus rarement jaunâtre ou grisâtre. Il a la plante des pieds, le nez et les lèvres roses.

C'est un animal fort intelligent et des plus sociables, mais il est en même temps dormeur, paresseux et ami du confortable. Aussi rend-il peu de services comme chasseur de souris. C'est évidemment lui qui a posé devant le bon Lafontaine quand celui-ci nous parle de

> Ce saint homme de chat, bien fourré, gros et gras,

dont le type est resté légendaire.

3° Le *Chat d'Espagne* (*Catus* ***hispanicus*** de Linné). Bien qu'originaire de la Péninsule, on le rencontre aujourd'hui dans toute l'Europe. Il se distingue par son pelage court et brillant qui est, soit entièrement fauve, plus pâle sur les flancs et le ventre, soit fauve taché de blanc, de noir et de roux. Il a le nez, les lèvres et le dessous des pattes roses.

Il est généralement doux et caressant. Une particularité intéressante, c'est que le mâle a toujours des taches de deux couleurs seulement. Cette sorte est assez répandue en France.

4° Le *Chat de Chine*. Il a le poil long et soyeux et les oreilles pendantes comme celles du blaireau.

Sa chair est très estimée par les habitants du Céleste Empire. De même que le chien, il est de la part de certains nourrisseurs et engraisseurs de ce pays l'objet d'une sollicitude toute particulière. Et, quand il est bien en chair, il figure à côté

Le Chat Angora.

des nids d'hirondelles sur les tables bien servies.

Il est vrai de dire que sous ce rapport, les Parisiens n'ont rien à envier aux sujets du fils du Ciel.

Seulement si le chat, chez nous, trouve place dans certains menus ce n'est jamais que sous un pseudonyme.

Le chat de Chine est en outre l'objet d'un commerce assez important.

« C'est cet animal, dit Brehm, qui est envoyé dans le pays des Kiliaques, comme article d'échange et d'exportation. Seulement les peuplades de l'Asie, suivant les Mandchoux qui font du chat un commerce assez considérable, vendent de jeunes matous aux Kiliaques sans jamais leur livrer de femelles. De cette façon, ils assurent toujours un débouché à leurs produits. »

C'est généralement contre des fourrures de martres et de zibelines, que ces chats sont échangés.

5° Le *Chat sans queue.* — Cette variété que les Anglais appellent *the May's cat,* habite l'île de May, dans la mer d'Irlande. Elle s'est de là répandue dans toute l'Angleterre où elle est assez commune.

La queue chez le chat de May n'est indiquée que par un simple moignon.

Ce phénomène que l'on rencontre également

dans l'espèce canine est resté jusqu'à présent sans explication satisfaisante. Toutefois, on peut admettre que le point de départ de cette particularité a été l'amputation de la queue pendant une longue suite de générations, puis, que cette anomalie s'est fixée et est devenue un caractère de race par transmission héréditaire.

Privé ainsi de son plus bel ornement le chat de May n'est rien moins que beau et d'autant moins qu'il est généralement tout noir ce qui le fait ressembler à ces animaux légendaires qu'on ne manque jamais de faire figurer dans les sabbats.

Néanmoins, il est assez sociable et excellent chasseur de souris.

6° Le *Chat des Chartreux*. — Celui-ci est d'assez grande taille.

Il se distingue par son pelage qui est long, cotonneux et d'une couleur grise uniforme à reflets bleuâtres.

C'est un bel animal, mais un peu enclin à la paresse.

On le croit originaire de la Syrie.

7° Le *Chat de Tobolsk*. — Il a également le pelage long et laineux, mais de couleur rougeâtre.

A part la couleur de la robe, il a avec le précédent la plus grande analogie.

Les Chats domestiques.

8° Le *Chat du Khorassan*. — On le rencontre dans toute la Perse où il est assez commun.

Il rappelle par le laineux et la couleur de sa fourrure le *Chat des Chartreux*.

9° Le *Chat de Roumanie*, encore appelé *Chat du Caucase*.

Il a le pelage long, épais et cotonneux; sa couleur est d'un brun grisâtre.

10° Le *Chat du cap de Bonne-Espérance*. — Celui-ci est moins connu.

Son pelage est rouge et bleuâtre.

11° Le *Chat de l'île de Chypre*. — Il est gris clair avec le dessous des pattes noir.

C'est lui que les moines employaient jadis pour détruire les serpents.

CHAPITRE VIII.

CHATS FOSSILES.

SOMMAIRE. — La paléontologie : son histoire. — Cuvier et ses adeptes. — Le *Felis antiqua*. — Le *Felis spelea*. — Le *Felis Arvernensis*. — Le *Felis pardinensis*. — Le *Felis megantereon*. — Le *Felis issiodorensis*. — Le *Felis brevirostris*. — Le *Felis aphanista*. — Le *Felis prisca*. — Le *Felis ogygia*. — Le *Felis antediluviana*.

La paléontologie, cette science qui traite des êtres dont la dépouille est enfouie au sein du globe depuis des milliers d'âges, est tout à fait moderne.

On ne saurait, en effet, donner ce nom aux observations isolées des anciens explorateurs.

Entrevue par Sténon et de Jussieu pour les végétaux, par Marsili et Donati pour les animaux, la science paléontologique attendait son messie, quand le grand Cuvier vint, en 1796, lire à l'Institut, qui se fondait alors, et inaugurait sa séance d'ouverture, un mémoire sur les *Éléphants fossiles*.

Le vieux monde sembla renaître de ses ruines, et le nouveau, saluant d'un *vivat* enthousiaste cette splendide conquête, qui lui livrait les secrets de tant d'âges disparus, vit bientôt se jeter sur les pas du maître une pléiade de jeunes hommes avides de sonder les arcanes de cette science nouvelle, qu'avaient pourtant pressentie, à quelques siècles de là, de vastes esprits qui s'appelaient Léonard de Vinci et Bernard Palissy.

Et les Ad. Brongniard, de Blainville, Marcel de Serres, Croizet, Deshayes, A. d'Orbigny, Richard Owen, Kaup, Lund, Pictet etc., jaloux d'apporter leur pierre au nouvel édifice scientifique, se mirent à l'œuvre, avec une si noble ardeur, qu'en moins d'un demi-siècle, ils nous apprirent l'histoire de plusieurs milliers d'âges.

Les cavernes, les brèches obscures, les couches meubles et les terrains tertiaires supérieurs ont révélé, grâce à ces recherches, l'existence de plusieurs espèces de chats fossiles. Cuvier en a décrit deux : l'une, le *Felis antiqua*, presque grande comme la panthère; l'autre, le *Felis spelea,* dont le crâne rappelle par sa conformation celui du lion. C'est pour cette raison que la plupart des naturalistes désignent cette espèce fossile sous le nom de « lion des cavernes ».

Ces grands chats, qui furent les contemporains de l'éléphant à longues alvéoles et du rhinocéros à narines cloisonnées, constituent, comme ceux-ci, deux espèces distinctes et perdues.

On les rencontre dans les cavernes de France, d'Allemagne, d'Angleterre et de Hongrie ; ce sont, en quelque sorte, les représentants de cette grande époque quaternaire connue par les géologues sous le nom de *Diluvium*, parce qu'elle paraît être l'expression vraie de cet épouvantable cataclysme que les livres profanes et sacrés désignent sous celui de « Déluge universel ».

Ces espèces ont été décrites par G. Cuvier avec une puissance d'exactitude qui n'appartient qu'à un pareil génie.

Depuis, d'autres paléontologistes (1) nous ont donné la description de nouvelles espèces.

Ce sont :

Le *Felis Arvernensis*, de la taille du jaguar.

Le *Felis pardinensis*, de celle du couagar.

Le *Felis megantereon*, plus gros d'un tiers que le précédent.

Le *Felis issiodorensis*, de la grandeur du lynx du Canada.

Le *Felis brevirostris*, de celle du lynx d'Europe

M. Kaupp (2) a décrit quatre espèces provenant des sables tertiaires des bords du Rhin.

Ce sont :

Le *Felis aphanista*, de la grandeur de la panthère :

Le *Felis prisca*, de celle du lion.

(1) L'abbé Croizet et Jobert aîné : *Recherches sur les ossements fossiles du Puy-de-Dôme*.

(2) *Ossements fossiles du cabinet de Darmstadt*.

Le *Felis ogygia,* moins grand que les deux précédents.

Le *Felis antediluviana,* plus petit encore que les précédents.

Enfin M. Lund (1) donne encore la description de trois autres espèces : l'une plus grande que le jaguar; l'autre plus petite que le couagar, et la troisième plus petite que les deux autres.

L'extinction de toutes ces espèces n'est pas certaine.

Mais ce n'est pas la place de disculer cette question.

Et, si nous avons fait des *chats Fossiles* comme un chapitre additionnel, ce n'est que pour mémoire, c'est-à-dire pour donner à l'exposé des différentes races un caractère plus complet.

(1) *Faune fossile du Brésil.*

DEUXIÈME PARTIE.

HYGIÈNE.

L'hygiène, — du mot grec ὑγιεινός, sain, — est la science qui traite de la conservation de la santé, ou, pour mieux dire, qui nous apprend à régler notre genre de vie de façon à assurer en nous, tout à la fois, et l'exercice régulier des différentes fonctions de l'organisme et le complet développement de toutes nos facultés.

Telle est, dans la médecine de l'homme du moins, le vrai sens du mot *hygiène;* mais, dans celle des bêtes, cette signification dévie un peu pour embrasser l'étude des règles d'après lesquelles on doit multiplier, élever, dresser, entretenir, conserver, améliorer les différentes espèces animales que l'homme a groupées autour de lui sous le nom d'*animaux domestiques.*

Parmi ceux-ci, le chat est sans contredit celui dont on s'occupe le moins sous ce rapport.

Plutôt libre qu'asservi, il vit en pleine indépendance, s'accouplant au hasard et au gré de ses instincts.

Néanmoins, nous essayerons de donner quelques conseils à nos lecteurs en consacrant à cette branche des sciences médicales quelques chapitres sous ces titres : *Domesticité, Reproduction, Régime alimentaire*, etc., etc.

CHAPITRE PREMIER.

DOMESTICITÉ.

SOMMAIRE. — Caractères de la domesticité. — L'opinion d'Isidore Geoffroy Saint-Hilaire sur cette question. — Le dernier animal rallié à l'homme. — Où il est montré que le chat n'a pas encore dépouillé sa sauvagerie originelle. — Il s'attache plutôt à l'habitation qu'à son maître. — Un vers célèbre. — Comparaison entre le chien et le chat. — Une fable de circonstance. — Aspiration vers la vie libre. — Un moyen d'empêcher le chat de déserter le logis. — Une réhabilitation par le docteur Jonathan Franklin. — L'habitude est une seconde nature.

La véritable domesticité offre pour caractère essentiel la possession acquise à l'homme non pas seulement d'individus isolés, quelque apprivoisés qu'on les suppose, mais d'une espèce avec toutes les races qui la composent.

Alors, on peut dire que la conquête est complète et indéfiniment assurée.

C'est ainsi que les générations passées, en domestiquant certains animaux et en les obligeant, après s'être eux-mêmes livrés à l'homme, à lui livrer aussi leur descendance, ont transmis aux générations qui les ont suivies, non seulement leur exemple et leurs enseignements, mais encore les résultats et — pour mieux dire — les produits de leurs soins industrieux.

Avoir asservi une espèce animale quelconque, c'est pour l'homme avoir en ses mains le pouvoir de la multiplier, non seulement comme il le veut, mais partout où il le veut. Car, ainsi que l'a proclamé avec sa haute autorité Isidore Geoffroy Saint-Hilaire : « Les différences elles-mêmes des climats, les plus fortes barrières que la nature ait opposées à l'expansion indéfinie des espèces, ne sauraient arrêter l'homme dans la propagation graduelle d'une race domestique opérée par les soins lentement prudents de plusieurs générations successives. »

La domestication du chat n'est pas fort ancienne. S'il fut commun chez les Égyptiens, en revanche, il fut à peu près inconnu des Grecs et des Romains. Jusqu'au moyen âge — nous l'avons déjà dit — nos pères ne se servirent que de la belette et du furet pour défendre leurs pénates contre les déprédations des petits rongeurs.

Aujourd'hui, le chat est répandu, non seulement dans toute l'Europe, mais encore dans toutes les contrées où il existe des colonies européennes.

En dépit d'une longue série de siècles d'existence à l'état domestique, cet animal n'a point encore dépouillé sa sauvagerie originelle. Cette sauvagerie, du reste, ne s'exerce pas seulement à l'égard de chaque représentant de l'espèce. Nul, parmi les individus du genre *felis*, ne vit en société; l'amour même ne parvient à réunir le mâle et la femelle que pendant le court instant du désir et du rapprochement des sexes.

Hâtons-nous de répéter, cependant, pour la défense du chat domestique, qu'il devient attaché à son maître, dans la littéralité même du mot, quand celui-ci veut bien ne pas lui ménager les soins et les caresses et le pourvoir suffisamment de nourriture.

Abandonné à lui-même, il s'attache aux maisons beaucoup plus qu'à leurs habitants, aux localités beaucoup plus qu'aux personnes.

C'est comme un ressouvenir de ses mœurs à l'état primitif. « Nos chats domestiques, dit Dupont de Nemours, sont de petits tigres. Très bien nourris, ils attaquent rarement nos poulets; mais réduisez-les à la pauvreté qui, de l'avis de Salomon, est assez mauvaise conseillère, et vous verrez. Soulagez ce malheur et vous verrez encore. Ne faut-il pas que la bienfaisance et la « malfaisance » portent leurs fruits? »

Et cet observateur passionné des animaux rapporte le fait suivant, à l'appui de sa thèse :

Au Jardin des Plantes, un vieux chat de grande taille, qui avait sans doute perdu son maître, conduit par la misère au brigandage, n'y trouvait qu'une ressource insuffisante. A peine restait-il dans ses pattes desséchées de quoi cacher ses griffes; son œil était large et hagard, sa maigreur affreuse, son aspect hideux. C'était près de la cuisine de M. Desfontaines, le professeur de botanique, qu'il avait établi son embuscade ordinaire. A la moindre négligence, il y entrait avec l'audace du désespoir, saisissait la première proie qui s'offrait à lui et s'esquivait en trois sauts. On le poursuivait avec des balais : *au chat! au chat!!* On n'attendait plus ses attaques; d'aussi loin qu'il paraissait, on courait à lui; et, de son côté, dès qu'il voyait quelqu'un, il fuyait. La garde était si bonne et sa frayeur si grande qu'il ne pouvait plus rien attraper. Il mourait de faim.

Un jour M. Desfontaines, à sa fenêtre et seul dans la maison, vit le malheureux chat chancelant, se traînant sur le mur voisin, prêt à tomber en défaillance. Il en eut pitié, alla chercher quelques morceaux de viande et les lui jeta successivement.

Le chat happe le premier morceau, et s'enfuit: puis, voyant qu'on ne le poursuit pas, il revient un peu plus près, prend le second morceau et se sauve encore. A la troisième fois, il se rapproche davantage, et, la viande prise, il s'arrête un peu, pour regarder son bienfaiteur.

Une demi-heure après il était entré par la fenêtre dans la chambre de M. Desfontaines et paisiblement s'était couché sur le lit.

Il s'était dit : « Celui-là n'est pas impitoyable. » Il avait eu occasion d'observer dans ses campagnes que celui-là était le maître des autres et, dans sa judicieuse reconnaissance, il s'était dit : « Mes malheurs sont finis; j'ai un protecteur. »

Nous avons dit qu'il revient parfois au chat comme un ressouvenir de ses mœurs primitives.

C'est pourquoi il peut arriver, si on le délaisse complètement, qu'il quitte la maison pour se réfugier au fond d'un bois et y vivre de la vie sauvage. Alors, l'homme lui devient indifférent quand il ne cherche pas à le fuir complètement.

C'est surtout en vieillissant que le chat éprouve comme un désir d'indépendance, comme une envie de revivre de la vie libre qu'il avait à l'origine. Parfois, même celui qui a été bien traité n'échappe pas à ces velléités de rébellion, à ce besoin instinctif de secouer le joug de l'homme.

N'est-ce pas le cas de répéter avec le poète latin, ce vers devenu banal à force d'être cité :

Naturam expellas furcâ tamen usque recurret?

Maîtrisé en quelque sorte par sa défiance naturelle, il en arrive malgré lui à vouloir se débarrasser de l'influence que son maître exerce sur lui.

Car, — disons-le en passant, — il n'y a pas toujours entre l'homme et le chat, comme entre l'homme et le chien, outre l'entraînement instinctif de l'animal vers celui qui le nourrit et dont toujours les caresses lui font éprouver d'agréables sensations, il n'y a pas toujours chez le chat cette exaltation vitale dont l'influence fixe irrésistiblement le chien sous la domination de son maître, et associe les impulsions du besoin qu'a le premier de sa conservation avec celle que font naître l'expression de la physionomie, le geste et le regard du second. Ce mode d'attachement affaiblit en quelque sorte les effets de la crainte qui dans tout autre cas provoquerait la fuite, et établit des rapports constants, harmoniques entre les déterminations instinctives de l'animal et tous les objets qui appartiennent à celui auquel son être est enchaîné.

Aussi, tandis que le chien, — l'excellente bête ! — s'attriste des rebuffades et de la mauvaise humeur du maître, le chat s'en console en vrai philosophe ; témoin la fable suivante :

Un chien vendu par son maître
Brisa sa chaîne et revint
Au logis qui le vit naître.
Jugez de ce qu'il devint
Lorsque, pour prix de son zèle,
Il fut de cette maison
Reconduit par le bâton
Vers sa demeure nouvelle.
Un vieux chat, son compagnon,
Voyant sa surprise extrême,
En passant lui dit ce mot :
« *Tu croyais donc, pauvre sot,*
Que c'est pour nous qu'on nous aime ? »

Car on ne trouve souvent dans le chat que cet attachement que contractent, même les animaux les plus sauvages, pour les individus qui prennent soin d'eux, attachement qui n'est dicté que par le seul besoin de la conservation.

En effet, chez les animaux qui possèdent un système nerveux cérébral, tout produit dans leur cerveau des impressions plus ou moins vives, plus ou moins profondes, plus ou moins durables. Ces impressions s'y conservent d'autant mieux qu'elles ont été suivies d'un plaisir vif, ou d'une douleur intense, plaisir ou douleur qui se renouvellent, soit par la présence des objets qui les ont fait naître, soit par les autres circonstances qui y étaient associées.

Telle est l'explication physiologique que l'on peut donner de ce phénomène qui pousse parfois le chat sur ses vieux jours à déserter le logis.

Seul, le mâle châtré échappe toujours à cette fâcheuse tendance.

En Suisse, on rencontre dans les forêts des Alpes, des chats redevenus sauvages; ils s'établissent dans les crevasses des rochers et font aux oiseaux et aux souris une guerre acharnée.

« Les montagnards — dit Tschudi — pour qui la diminution des souris est bien plus importante que l'abondance des oiseaux, protègent en général ces chats. »

On est pourtant obligé de les chasser au moment où fraie la truite, car ils commettent les plus grands dégâts dans les ruisseaux et les rivières.

Dans le Paraguay on rencontre assez fréquemment des chats ayant changé la vie domestique pour une existence indépendante. Cependant le retour à l'état sauvage n'est pas complet, car à l'époque des pluies — toujours fort abondantes en ces pays — ils se rapprochent des habitations et viennent s'y abriter avec les petits qu'ils ont eus pendant la belle saison, car ceux qui restent exposés aux rigueurs de l'hiver périssent infailliblement.

« A Surinam, — dit Brehm (1), — et dans les établissements circonvoisins où les chats, à cause de la prodigieuse quantité de rats qui infestent les sucreries, sont des plus utiles, les colons sont obligés de couper les oreilles de ces animaux au ras de la tête, pour les garder dans les habitations.

« Cette méthode atteint le résultat qu'on se propose, et cela, aussi bien par le beau temps que par la pluie. Dans le premier cas, les feuilles et les branches chatouillent l'intérieur des oreilles; dans le second, la pluie s'y introduit: deux inconvénients auxquels le chat finit par sacrifier sa liberté. »

Dans nos grands centres le chat est moins tenté

(1) *Vie des animaux.*

de reconquérir son indépendance. Il ne peut facilement se laisser aller à son humeur vagabonde, et, sauf les toits et les gouttières, il n'a guère le champ libre pour promener ses ébats. Aussi est-il — en général — bon compagnon et fait-il taire, assez volontiers, ses aspirations à la vie libre.

Entre toutes les races, celle d'Angora est la plus sédentaire; d'un naturel doux et paresseux, les représentants de cette race partagent généralement leur temps entre la sieste et la table.

Il n'est pas rare, malgré tout, de voir des chats offrir à leur maître autant d'attachement que le chien, comme ce dernier solliciter les caresses; si le maître se lève, le suivre; s'il s'absente, l'appeler de leurs cris répétés; si cette absence se prolonge, s'attrister jusqu'à en perdre l'appétit.

Nous avons, du reste, cité de nombreux exemples de cet attachement dans un de nos précédents chapitres (V. *Instinct, Intelligence*).

Comme l'a dit Delille :

> Sur l'exception la vérité se fonde,
> Ainsi que des humains les diverses humeurs,
> Changent des animaux les penchants et les mœurs;
> Plus d'un chat sait aimer et plaire;

Moi-même j'ai du mien vanté le caractère :
Longtemps de son poète il partagea le sort,
J'ai célébré sa vie et déploré sa mort.

Et cette affection du chat pour son maître peut s'élever à un point auquel, seule, celle du chien est capable d'atteindre. Je n'en veux pour preuve que ce récit que j'emprunte aux *Animaux célèbres* d'Eugène Muller :

« Certain abbé qui vivait dans la compagnie très intime d'un bon gros chat, mourut un jour subitement.

« Après avoir épuisé tous les moyens possibles pour le rappeler à la vie, et après avoir laissé s'écouler le laps de temps au delà duquel toute mort accidentelle se trouve comme d'elle-même et duement constatée, les médecins déclarèrent qu'on n'avait plus qu'à procéder à l'inhumation du corps que l'âme avait abandonnée.

« Et pendant deux jours que dura la veille autour du défunt, chacun avait pu remarquer que le chat de la maison s'était constamment obstiné à rester couché, comme il en avait sans doute l'habitude, sur les pieds de son maître.

« Cette obstination fut même telle que lorsqu'on prit le corps sur le lit pour le mettre dans le cercueil, le fidèle animal n'eut rien de plus pressé que de s'introdire dans la boîte, pour s'installer à son poste coutumier.

« Le soin des derniers apprêts avait sans doute été confié à des mercenaires auxquels les plus simples notions faisaient défaut, et qui n'étaient rien moins que des gens de cœur, car ces gens, le croiriez-vous? trouvèrent plaisants de récompenser l'opiniâtreté du fidèle animal en lui donnant pour prison, à lui vivant, le coffre où ils enfermèrent la dépouille de son maître mort.

« Quoi qu'il en fût, la pauvre bête se laissa clouer, et d'elle pas la moindre nouvelle, jusqu'au moment où, la cérémonie religieuse achevée, on se disposait à descendre le cercueil dans la fosse béante. Alors, mais seulement alors, les assistants, qui ne savaient rien du mauvais tour joué au chat, entendent bruire dans les sourdes profondeurs de la bière une voix mugissante, qui met le plus grand nombre en fuite et frappe les autres d'une surprise voisine de la terreur.

« Les plus hardis cherchent à s'expliquer la cause de ce bruit inattendu. Ils écoutent, ils perçoivent en même temps que les cris stridents de l'animal un semblant de voix humaine.

« Quelques-uns encore détalent épouvantés, mais les deux ou trois braves qui restent se hâtent de faire sauter le couvercle de la caisse mortuaire.

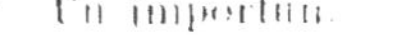

Un importun.

Un matou effaré s'en échappe et se sauve à grands sauts. Mais voilà que le mort aussi se lève, qui, drapé dans son suaire, prend, lui aussi, sa course folle à travers champs.

« On s'exclame, on crie au miracle. On suit l'homme, on l'attend. Il parle, tout s'explique.

« L'abbé n'était pas mort, il était en léthargie. Le malheureux s'était parfaitement senti mettre dans le cercueil; il avait parfaitement entendu célébrer l'office des morts sur son prétendu cadavre, il avait compris qu'on l'emportait hors de l'église, il avait jugé du moment où l'on allait le descendre dans la terre et, toujours impuissant à donner des marques de son existence, il pensait déjà n'avoir plus qu'à subir l'épouvantable destinée qui lui était faite par une inhumation trop hâtive.

« Tout à coup, cependant, il croit avoir conscience d'une sensation de chaleur dans ses mains croisées sur sa poitrine; il peut remuer les doigts, il sent quelque chose de velu, il s'y cramponne de toute la force qui lui est rendue; ce qu'il a saisi, c'est la queue du chat qui, mal à l'aise sans doute à sa première place, avait rampé jusqu'à la poitrine de son maître qu'il avait réchauffé, et qui, en le pinçant, lui avait fait pousser des cris de douleur... Nous savons le reste. »

Voilà comment l'extrême affection d'un chat pour un abbé valut à celui-ci l'avantage de ne pas être enterré vivant.

Mais revenons à l'étude que nous venons de laisser :

Le chat possède au plus haut point le sentiment des lieux ; c'est pour cette raison, peut-être, que lorsqu'il est complètement domestiqué, il s'attache plus à la maison qu'à ceux qui l'habitent.

Cependant le docteur Jonathan Franklin, dans sa *Vie des Animaux*, raconte qu'il changea plusieurs fois d'habitation et que son chat ne chercha jamais à retourner à son ancienne demeure.

« Où j'étais, dit cet excellent ami des bêtes, il était chez lui, et après avoir témoigné une curiosité bien naturelle, non sans quelque mélange de défiance pour les nouveaux lieux, il ne tardait pas à s'y habituer. Une fois pourtant je le crus perdu. Il avait disparu depuis trois jours à la suite d'un déménagement et d'une installation dans une nouvelle résidence. Vers minuit je descendis dans la cour et mon chat, qui était resté tout ce temps-là invisible à cause du bruit et du mouvement des ouvriers, me sauta familièrement sur l'épaule. »

D'où l'on peut conclure que l'attachement du

chat pour son maître est en raison directe des soins que lui prodigue ce dernier, car il est une chose que l'on ne saurait nier, c'est que cet animal possède à un degré assez élevé le sentiment de la reconnaissance.

La défiance, on le sait, est le trait le plus marqué de son caractère, celui que la domesticité ne parvient jamais à effacer complètement.

Paraît-il s'être livré complètement à l'homme, la moindre circonstance suffit pour réveiller ce sentiment. Immédiatement le voilà effrayé, redoutant quelque surprise ou quelque danger.

« Il semblerait, a dit l'illustre F. Cuvier, qu'il se juge comme nous le jugeons nous-mêmes. »

Cependant l'habitude finit par le rendre confiant et cette confiance, nous l'avons vu plus haut, est susceptible de se changer en une véritable affection.

CHAPITRE II.

DU RÉGIME ALIMENTAIRE.

SOMMAIRE. — Les félins sont essentiellement carnivores. — Ils ne souffrent aucune concurrence de chasse. — Moyens pris par la nature pour enrayer leur multiplication. — La nourriture préférée du chat domestique. — Un pêcheur par gourmandise. — Une relation curieuse du *Journal de Plimouth*. — Un proverbe qui ne ment pas. — Une bête qui n'aime que la chair fraîche. — Comme quoi le chat vaut mieux que sa réputation. — Rebelle à l'indigestion. — Une singulière façon de boire. — Un jeûne de trente jours. — Trop bien nourri, mauvais chasseur.

Les félins, on le sait, sont essentiellement carnivores et ne se nourrissent, autant que possible, que de proie vivante. Aussi, pour ce motif, ont-ils l'instinct de la solitude.

Il faut, en effet, au chat un certain rayon pour se pourvoir de nourriture. Tout congénère capable de lui disputer ou de partager avec lui le produit de sa chasse lui devient forcément hostile.

C'est au point que les tigres et les lions, incités par les besoins de la génération, ne s'apparient qu'avec défiance, craignant toujours de rencontrer dans leurs femelles, elles-mêmes, une concurrence de chasse.

Ce n'est qu'au paroxysme de la passion qu'ils oublient cet instinct de chasseurs qui les rend ennemis de leur espèce même. Ils ne souffrent leurs femelles que dans le seul temps de l'accouplement, dans le moment même où ils ne peuvent être rivaux.

Rien de plus étrange que ce mélange de haine et de passion qu'on ne peut expliquer que par cette merveilleuse harmonie de la nature, qui oppose les uns aux autres les animaux cruels et malfaisants, afin d'enrayer certainement une multiplication trop grande.

En raison de la structure et de la disposition de son système dentaire, le chat a la mastication difficile. Ses dents sont plutôt faites pour déchirer que pour broyer les aliments ; mais la langue est là, qui, avec sa rugosité de râpe, vient en aide aux mâchoires en déchirant les tissus.

La nourriture préférée du chat domestique consiste en souris et en petits oiseaux.

Dans les ménages on lui donne toutes sortes d'aliments, aussi bien des substances animales crues ou cuites, que des substances végétales.

Cependant, le plus souvent on le voue à une nourriture uniforme, telle que le *mou*, le foie, la rate ou le cœur. Le chat se prend bien vite de prédilection pour l'un ou l'autre de ces viscères, qu'on va chaque jour chercher chez le boucher pour les couper ensuite à l'aide des ciseaux en morceaux très ténus.

Il se contente sans se lasser de cet ordinaire de tous les jours.

Il aime fort le poisson et sa gourmandise l'emporte sur l'aversion qu'il a pour l'eau, quand il s'agit d'attraper sa proie au centre de l'élément liquide.

« J'assistai, un jour, dit Jonathan Franklin (1), aux tentatives d'un chat qui regardait avec une attention grave deux poissons rouges nager en tournant dans un bocal. D'abord, il trempa sa patte dans l'eau et la secoua. Il recommença et s'arrêta de nouveau, balancé entre ces deux sentiments : la haine de l'eau et l'appétit pour le poisson. L'amour de la chose à croquer finit par l'emporter dans le cœur du chat sur la haine de l'obstacle et les deux poissons rouges, tirés de l'eau par une griffe inévitable, allèrent garnir l'estomac du carnassier. »

« Il n'est pas rare, dit Roulin (2), de trouver chez les meuniers des chats qui sont adroits à

(1) *Loco citato.*

(2) *Histoire naturelle et souvenirs de voyage.*

ces exercices, et ce n'est pas la nécessité qui développe chez eux cette industrie. »

Quelques-uns même pêchent comme chassait le chat du marquis de Carabas, quand il fut devenu grand seigneur, uniquement pour leur plaisir. On en voit aussi qui apportent à la maison le produit de leur pêche.

Citons, du reste, à ce propos, cette relation curieuse du *Journal de Plimouth* (1) :

« Il y a maintenant, dit la feuille anglaise, à la batterie de Devil Saint-Point une chatte qui pêche avec une ardeur et une science remarquables. Chaque jour elle plonge dans la mer et rapporte dans sa gueule des poissons vivants qu'elle dépose dans le corps de garde, pour l'usage des soldats. Elle a à présent sept ans et fait depuis longtemps l'office d'un utile pourvoyeur. On croit que c'est la chasse aux rats d'eau qui lui a fait surmonter l'aversion qu'ont les animaux de son espèce pour se mouiller; elle en est venue au point de se plaire dans l'eau autant qu'un terre-neuve. Chaque jour, elle fait sa promenade sur les rochers qui bordent la mer,

(1) Janvier 1828.

épiant les poissons et toujours prête à les poursuivre jusqu'au fond. »

Mais, entre toutes choses, le lait excite surtout la gourmandise du chat. Pour le lait il ferait maintes bassesses; de là le proverbe : *Heureux comme un chat qui boit du lait.*

Dans les ménages, ce précieux liquide constitue généralement pour le chat le repas du matin et il s'en trouve bien, car le lait corrige ce que pourrait avoir de trop tonique et de trop excitant chez une bête sédentaire un régime fait exclusivement de chair.

Par contre, il déteste le sucre et les sucreries; le moindre morceau de *mou* fait bien mieux son affaire.

Dans les champs, outre les petits rongeurs, il fait encore sa proie d'animaux d'assez forte taille, tels que les levrauts et les perdrix. A l'instar des grands de la famille, le lion et le tigre, qui

Ne veulent de festins que ceux qu'ils ont conquis.

il mange les animaux qu'il a tués lui-même; — car il faut que sa proie soit fraîche, saignante même, pour qu'il y touche. La charogne lui répugne.

On a vu cependant, malgré cette noblesse de goûts, des lions qui, faute de mieux et poussés par la faim, en arrivaient à manger de la chair en putréfaction. C'est ainsi qu'on a vu assez souvent à Constantine nos sentinelles tirer et tuer des lions qui venaient rôder la nuit autour de la ville, afin de manger les immondices jetées hors des murs; mais ce ne sont là que des faits d'exception.

Les chats ne dévorent pas leur proie sur place; après l'avoir tuée, ils la traînent à l'écart, pour la manger à l'aise.

Ils sont en général moins cruels que la plupart des petits carnassiers auxquels on ne fait pas ce reproche. Ils n'attaquent que quand ils ont faim, ne tuent que ce qu'il leur faut pour être rassasiés. Il n'en est pas de même de la fouine, de la belette et du renard, qui semblent tuer pour le plaisir de tuer et, qui, lorsqu'ils pénètrent au milieu d'un poulailler, n'en sortent plus tant qu'il reste une volaille vivante.

Comme le chien, le chat est peu sujet à l'indigestion. La disposition anâtomo-physiologique de son estomac lui permet de se débarrasser sans effort du trop-plein qui encombre cet organe.

Le chat boit très peu; il trouve dans son alimentation animale assez de principes aqueux pour se désaltérer.

La façon dont il boit est curieuse :

Il le fait en lappant, c'est-à-dire, en plongeant

dans l'eau sa langue qu'il retire brusquement en la recourbant en forme de cuiller, de manière à projeter le liquide au fond de sa gorge.

Il est sobre et peut supporter la privation d'aliments pendant un temps relativement considérable. M. le professeur Colin (d'Alfort) cite l'exemple d'un animal qui put vivre sans manger pendant trente jours.

Dans la société de l'homme qui pourvoit à tous ses besoins, le chat perd un peu l'art de poursuivre et d'attraper sa proie ; aussi, s'il est utilisé dans la maison à titre de chasseur de souris, il faut avoir soin de ne pas le nourrir trop abondamment et même de le faire quelque peu jeûner, afin qu'il ne se désintéresse pas tout à fait des services qu'on attend de lui.

CHAPITRE III.

REPRODUCTION.

SOMMAIRE. — Une vertu facile. — Batailles nocturnes. — Mauvaise épouse, mais bonne mère. — Une nourrice hors ligne qui ne discute pas sur le choix de ses nourrissons. — Curieux exemple d'allaitement. — La manière de tarir le lait de la chatte. — Le sevrage des petits.

. . . . Amores
De tenero meditatur ungui
(HORACE, liv. III, ode VI).

« Chez tous les êtres de la nature la faculté d'engendrer est le *nec plus ultra* de leur existence et de leur perfection; elle n'a lieu que dans le développement complet de leur organisation (1). »

La chatte entre en chaleur deux fois par an, au printemps et à l'automne.

Tout entière à ses instincts pornocratiques, elle est beaucoup plus ardente que le mâle, qu'elle cherche et qu'elle appelle; ses inquiétudes, ses hauts cris, les miaulements qu'elle fait entendre, tout annonce la vivacité de ses désirs. Elle pour-

(1) J.-J. Virey, *loco citato.*

suit avec sauvagerie tous les chats indistinctement, — ne reculant même pas devant les plus forts matous, — les provoquant du geste et de la voix, semant la terreur parmi toute la population féline du voisinage.

« La femelle, dit Toussenel, tient toute la place dans cette espèce. Le monde ne connaît le mâle qu'à l'état neutre : *fanciullo o soprano;* le monde n'a jamais connu non plus de maris aux Ninon de Lenclos et aux Marion Delorme. La chatte est essentiellement antipathique au mariage. Elle accepte un amant, deux amants, trois amants, des esclaves tant qu'on veut, mais jamais un tyran, et pour peu que la civilisation lui refuse le droit de libre essor amoureux, elle va le redemander à l'état sauvage et retourne aux forêts. »

Qui n'a pas assisté, pendant les nuits éclairées par la lune, à une de ces sérénades infernales données à un seul matou par plusieurs chattes réunies ne peut se faire une idée de l'horrible vacarme qui en est la conséquence.

Tandis que ce dernier, tout fier d'allumer de pareils feux, fait tendrement entendre sa voix de basse, les « soupirantes » chantent tour à tour le *ténor,* l'*alto* et le *soprano* avec un accompagnement de gifles et d'égratignures qui fait songer aux délires sabbatesques de la Valpürgisnacht, de légendaire mémoire.

Les miaulements, d'abord contenus, se font bientôt entendre plus distinctement, puis augmentent, redoublent, et le bruit est poussé à son comble!

Et l'on se prend malgré soi à répéter les vers de l'auteur des *Embarras de Paris* :

> Et quel fâcheux démon, durant des nuits entières,
> Rassemble ici les chats de toutes les gouttières.

Et quand il y a plusieurs mâles à la fois, quelles batailles! Combien de ces don Juan à quatre pattes qui rentrent à l'aube la tête en sang et la robe déchirée! Ils paraissent alors repentants et désireux de rester sages, mais à peine leurs blessures sont-elles fermées qu'ils recommencent leur vie d'aventures.

La chatte porte de cinquante-quatre à cinquante-six jours et met bas de quatre à six petits, qu'elle a soin de cacher et de transporter dans un trou lorsqu'elle craint que le mâle ne les dévore, — ce qui arrive souvent.

Car, il faut lui rendre cette justice, c'est qu'elle sait racheter ses écarts par un sentiment passionnel qui fait tout expier : l'amour maternel! L'amour maternel, cette jouissance qui, au dire de la Fable, rendit les divinités de l'Olympe elles-mêmes jalouses de la pauvre Niobé!

Disons cependant, pour être vrai, qu'il existe quelques exemples de chats mâles domestiques assez attachés à leur progéniture pour lui prodiguer les soins les plus délicats et les plus assidus.

Les petits chats naissent avec les paupières closes et ne commencent à voir clair que vers le neuvième jour.

L'allaitement dure un mois. Passé ce temps, la mère va à la chasse pour ses chatons et leur apporte des rats, des souris, des petits oiseaux, etc., afin de les accoutumer à manger de la chair, car, on ne saurait trop le répéter, elle est admirable d'amour pour ses jeunes. Craint-elle quelque danger pour eux? Vite, elle change de nid. Elle saisit à tour de rôle chacun de ses enfants par la peau de la nuque, — mais avec les lèvres seulement, et si doucement que les gentes bêtes ne s'en aperçoivent pas, — pour aller les cacher en un endroit plus sûr.

Elle ne quitte sa couche que pour se mettre en quête de nourriture pour eux et pour elle.

Quand un chien étranger, ou même un autre

chat fait mine de s'approcher, n'écoutant que son amour maternel, elle n'hésite pas à courir sus à l'ennemi.

Certaines mères ne souffrent même pas que leur maître ou les gens de la maison s'approchent de leur jeune famille.

Mais ce qu'il y a de curieux, c'est de voir une chatte qui nourrit porter quelquefois son affection sur de petits êtres autres que ceux de son espèce.

Aussi il n'est pas absolument rare que des chattes adoptent comme nourrissons de petits chiens, de petits lapins, de petits lièvres, etc.

G. White (1) raconte qu'un de ses amis avait reçu, en présent d'un paysan, un levraut, âgé d'environ une semaine, et que, vers le même temps, sa chatte lui donna six chatons.

« L'arrêt de ces derniers, dit-il, était prononcé d'avance. Ils furent étouffés et enterrés dans un coin du potager. Quant au levraut, les domestiques avaient demandé la permission de l'élever. Tout d'abord, leurs soins paraissaient réussir, car le jeune animal prenait fort bien le lait qu'on lui donnait avec une cuiller ; mais, un beau matin, on ne le trouva plus et l'on supposa qu'il avait

(1) *Natural History of Selbourn*, Lettre XXVI.

eu le sort réservé à presque tous ces petits favoris, c'est-à-dire qu'il était devenu la proie d'un chat ou d'un chien. Cependant, quelques jours après, mon ami étant assis dans son jardin, vers le coucher du soleil, aperçut de loin sa chatte qui venait à lui, la queue levée et miaulant doucement, comme si elle eût appelé ses chatons. Ce ne fut pourtant point un petit chat qui répondit à sa voix, mais notre levraut, qu'elle avait adopté et qu'elle continua de nourrir de son lait jusqu'au jour où il put manger seul. »

Le capitaine Marryat raconte un fait analogue (1).

« Une chienne épagneule à longues soies, dit-il, avait eu, d'une seule portée, cinq petits très bien conformés et qui semblaient ne demander qu'à vivre. Cependant comme on les laissait tous à la mère, on craignait qu'elle ne s'épuisât, sans parvenir à les élever. Il paraissait indispensable d'en sacrifier une partie pour sauver le reste. La maîtresse de la chienne, ne pouvant se résoudre à ce sacrifice, eut l'idée qu'on pouvait nourrir au biberon deux des petits, en les tenant d'ailleurs dans un lieu suffisamment chaud ; mais une autre personne, consultée sur les moyens

(1) *Olla podrida.*

d'exécution, ouvrit l'avis de faire allaiter les deux chiens par une chatte, qui justement, venait de mettre bas. On résolut d'essayer et en conséquence, on enleva un des chatons qu'on remplaça par un petit chien. La chatte, ayant bien accueilli l'étranger, reçut, peu de jours après, un second nourrisson, qu'elle traita comme le premier, et bientôt elle n'en eut plus d'autre, car on eut le soin, afin qu'ils ne souffrissent pas, de faire disparaître l'un après l'autre, tous les frères de lait. Voilà mes petits chiens qui profitent à merveille et non seulement, au bout d'une quinzaine de jours, ils étaient bien portants, mais, chose remarquable, ils semblaient beaucoup plus avancés que ceux qui étaient élevés par la vraie mère. Tandis que ceux-ci étaient encore de gros pataunds, roulant plus qu'ils ne marchaient, les autres étaient gais, agiles et lestes comme de jeunes chats. La chatte semblait prendre un vif plaisir à les exercer et les faisait jouer avec sa queue. Bientôt, ils purent manger de la viande et à une époque où leurs trois frères étaient encore tout à fait incapables de se suffire à eux-mêmes, eux pouvaient, sans inconvénient, se passer de nourrice, de sorte qu'on ne tarda pas à les donner. »

Nous ne voulons pas suivre pas à pas la nourrice, son histoire serait trop longue à narrer. Arrivons de suite au dénouement :

La chatte fut inconsolable de la perte de ses nourrissons; pendant deux jours, elle n'eut pas un seul moment de repos, ne cessant de courir de la cave au grenier.

Ayant enfin trouvé moyen de pénétrer dans la chambre où la chienne nourrissait les petits qui lui avaient été laissés, elle crut que c'était la chienne qui lui avait volé ses enfants et leva la patte sur elle; la vraie mère riposta immédiatement par un coup de dent. La bataille s'engagea, vive, farouche, énergiquement soutenue de part et d'autre; l'avantage resta pourtant à la chatte qui prit un des petits et l'emporta en triomphe.

A peine l'eut-elle déposé en lieu sûr qu'elle revint en chercher un autre, qu'elle parvint également à emporter après avoir soutenu un combat non moins valeureux que le premier.

Le curieux de l'affaire, c'est que ce double

succès ne lui tourna pas la tête et qu'elle ne chercha pas à le pousser plus loin. On lui avait pris deux nourrissons, elle en avait pris deux; elle avait son compte.

Ces histoires de substitutions de nourrissons abondent.

Nous nous rappelons avoir lu dans un livre d'histoire naturelle, publié en Angleterre, qu'une chatte avait adopté en qualité de nourrissons une nichée de jeunes rats qu'un enfant, qui la voulait régaler, avait déposé dans un panier d'où l'on venait de retirer tous les chatons pour les noyer.

Nous ne garantissons pas l'authenticité de la chose. Même, ce fait nous paraît ne devoir être accepté que sous bénéfice d'inventaire.

Nous accorderons plus de créance à celui qui va suivre, car il émane d'un homme dont le nom est devenu justement populaire parmi ceux de tous les écrivains qui ont pris à tâche de se faire les historiens de la gent animale.

Nous avons nommé Brehm, l'intéressant auteur de la *Vie des animaux,* que nous nous plaisons à citer chaque fois que nous en trouvons l'occasion :

« J'ai donné, raconte-t-il, à une chatte que j'avais élevée, un petit écureuil encore aveugle, resté seul de toute une nichée, les autres étant morts malgré tous mes soins. Pour sauver celui-ci j'essayai de le confier à ma chatte qui venait de mettre bas pour la première fois. Elle répondit complètement à mon attente; elle reçut avec tendresse le pauvre petit orphelin au milieu de ses petits; l'échauffa de son mieux et le soigna dès les premiers jours avec une tendresse toute maternelle. Le petit écureuil prospéra avec ses nouveaux frères et resta avec sa mère d'adoption, lorsque ceux-ci en étaient déjà séparés.

« La chatte sembla alors concentrer toute son affection sur l'écureuil. Il s'établit entre eux des liens aussi intimes que possible. La mère et l'enfant adoptif s'entendaient admirablement; la chatte miaulait, l'écureuil répondait à sa façon. Bientôt il suivit sa mère nourricière à travers toute la maison et bientôt dans le jardin. Obéissant à son instinct naturel, l'écureuil grimpait sur un arbre, la chatte le regardait tout ébahie et tout étonnée de l'adresse du petit étourdi et le suivait tant bien que mal. Les deux animaux jouaient ensemble; l'écureuil s'y prenait bien un peu gauchement, mais leur amitié n'en souffrait pas, la mère était si patiente qu'elle recommençait toujours le jeu..... »

Nous n'en finirions pas s'il nous fallait raconter

l'une après l'autre toutes les histoires de ce genre. Donc, passons et voyons de quelle façon se fait l'éducation des jeunes chats.

CHAPITRE IV.

ÉDUCATION.

SOMMAIRE. — Tous joueurs! — Un portrait de « Grippeminaud » d'après La Fontaine. — Produits de l'amour et du hasard. — Une mutilation barbare. — Héloïse et Psyché. — Un état méprisable. — Autre mutilation barbare.

Quelles charmantes et gracieuses créatures que les jeunes chats!

Ils sont tellement remuants que, bien qu'aveugles encore, ils ne craignent pas de s'aventurer, hors de leur couche vers laquelle la mère, inquiète de leurs fugues, est à tout instant forcée de les ramener.

A peine leurs yeux se sont-ils ouverts à la lumière, à peine distinguent-ils les objets qui les entourent qu'ils se mettent immédiatement à jouer avec tout ce qui remue, roule, glisse ou vole.

C'est leur instinct de chasseurs de souris et d'oiseaux qui déjà commence à s'éveiller.

Schettlin, qui a fait un charmant tableau de leurs jeux, dit en parlant d'eux :

« Ils jouent continuellement avec la queue de leur mère et avec la leur propre, dès qu'elle est assez longue pour qu'ils puissent la saisir avec leurs pattes; ils la mordent aussi et ne remarquent pas qu'elle fait partie de leur corps, de même que nos enfants se mordent les doigts du pied qu'ils considèrent comme quelque chose qui leur est étranger. »

Tout pour eux, en effet, est prétexte à amusement; mais ils sont déjà suffisamment doués d'instinct pour distinguer le bon du mauvais, l'ami de l'ennemi. Et si un chien vient à se montrer au milieu de leurs jeux, quelle que soit sa taille et sa force, ils se mettent immédiatement sur la défensive en faisant le gros dos. — On dirait de petits lions.

Un peu plus tard la mère les instruit dans l'art de la rapine et leur apprend à courir sus aux souris et à s'en emparer.

« Quiconque, dit Mesnault, voudra se donner la peine de suivre les mouvements de la chatte, dans cet exercice, sera encore convaincu qu'un jour le jeune chat deviendra un vrai « grippeminaud » qui dira, à son tour, à la belette et au petit lapin :

> Mes enfants, approchez ;
> Approchez, je suis sourd, les ans en sont la cause,

et puis jettera prestement sur eux sa griffe profonde. »

A quinze mois le chat est adulte, à un an il peut engendrer.

Son existence, à peu près indépendante, abandonne, en quelque sorte chaque individu à ses instincts génésiques, de telle manière que la multiplication de l'espèce s'effectue presque toujours, comme on sait, sans l'intervention de l'homme.

Nous l'avons dit, le chat est un coureur d'aventures; de là ces produits hétéroclites de l'amour et du hasard, de là ces variétés si nombreuses de sous-races qu'on rencontre partout à l'état domestique.

Et lorsqu'une race se reproduit pendant plusieurs générations dans toute sa pureté, par des accouplements qu'on pourait appeler rationnels, on peut dire que le hasard seul a présidé à ces rapprochements.

Et puis encore nombre de gens, dans le but d'éviter l'odeur désagréable de l'urine des matous, imposent à ces derniers l'opération de la castration.

C'est vers le troisième mois que cette opération doit être pratiquée; elle est des plus simples et n'offre aucun danger pour la bête.

Une seule incision des enveloppes testiculaires, par laquelle on fait successivement passer chaque testicule que l'on détache en pratiquant la torsion du cordon qui le supporte, tel est le manuel opératoire généralement employé.

Un peu de poudre d'amidon arrête vite l'hémorrhagie si elle se produit et la cicatrisation se montre au bout de quelques jours.

Jadis, le grand prêtre du temple de Cybèle ne devait le respect dont il était l'objet qu'à cette mutilation. Il n'en est pas ainsi du chat « neutre » qui lui, au contraire se trouve en butte à tous les miaulements railleurs et méprisants — non seulement des mâles de son espèce, — mais encore des femelles qui loin d'avoir la résignation philosophique d'Héloïse et de s'écrier comme elle : « Le cœur est tout, le reste n'est rien ! » répéteraient plutôt avec Psyché :

> Encor, si j'ignorais la moitié de tes charmes,
> Mais, je les ai tous vus, j'ai vu toutes les armes
> Qui te rendent vainqueur.

La femelle n'échappe pas toujours à cette opération, mais comme chez elle les suites en sont dangereuses, puisqu'elles peuvent se traduire par une péritonite, elle n'est que très rarement pratiquée.

Ce n'est pas tout.

Il est encore une autre mutilation infligée à ces animaux : c'est celle qui consiste à leur amputer l'extrémité de la queue, peu de temps après leur naissance.

Cette petite barbarie aurait — au dire de ceux

qui la commettent, — l'avantage de débarrasser le jeune animal d'un petit ver dont la présence provoquerait de vives démangeaisons et, de ce fait, obligerait le chat à tourner sans cesse pour attraper sa queue.

C'est là une fausse interprétation des faits.

Le ver en question n'existe pas.

Et ceux qui veulent en voir un dans l'extrémité tendineuse qui termine la queue du chat doivent y mettre, il en faut convenir, la plus extrême bonne volonté.

Quant au fait du chat tournant sur lui-même pour attraper sa queue, il est on ne peut plus naturel et il suffit de se reporter à ce que nous avons dit plus haut en parlant des ébats des chatons pour en avoir l'explication.

CHAPITRE V.

DE LA CONNAISSANCE DE L'AGE.

SOMMAIRE. — Trois phases principales. — Période d'accroissement. — Période d'état. — Période de déclin. — Une comparaison poétique. — Signes tirés de la taille et du poids. — Signes tirés du développement des organes de la génération. — Signes tirés du système pileux. — Signes tirés de la forme générale du corps. — Signes tirés du système dentaire. — Comment s'usent les dents. — Signes tirés du jeu de certains organes.

On désigne sous le nom d'*âges* la série des périodes qui constituent le cours de la vie et s'affirment par des changements successifs dans l'état des organes et, consécutivement, dans les fonctions qui leur sont dévolues.

Ces changements, qui sont l'œuvre du temps, s'effectuent toujours d'une façon graduée.

C'est ainsi qu'on peut reconnaître trois phases principales bien distinctes dans l'évolution de l'être animé.

1° La période d'*accroissement* pendant laquelle tous les organes à peine formés, dès que l'être vient

11.

à la lumière, croissent, se développent, s'épanouissent afin de jouir de leur complet fonctionnement.

2° La période d'*état* pendant laquelle tous les systèmes organiques, arrivés au plus haut degré de leur développement, se montrent dans toute leur activité fonctionnelle.

3° La période de *déclin* pendant laquelle cette activité fonctionnelle, plus ou moins enrayée par un affaiblissement progressif, se traduit par diverses altérations des tissus qui, au bout d'un temps plus ou moins long, amène la sénilité, puis la mort.

Ces trois phases de la vie ont été comparées par les poètes de l'antiquité aux trois fractions du jour : le matin, le midi et le soir.

Chez l'animal, les signes qui marquent les principales époques du cours de la vie ne sont pas toujours facilement saisissables ; cependant il ne faut pas les dédaigner tout à fait.

C'est ainsi qu'on peut, pendant la vie, tirer certains indices de l'aspect général du sujet.

Tels sont :

1° La *taille* et le *poids* qui fournissent tout d'abord des caractères d'une grande valeur.

Le chat arrive à son maximum de taille vers le dixième mois et à son maximum de poids vers la sixième année.

2° Le *développement des organes génitaux.*

Dans la première partie de la vie ces organes ne présentent que fort peu de développement; un peu plus tard, l'instinct génital s'éveille : c'est l'ère de la puberté. Il apparaît chez le chat du huitième au dixième mois; et il s'affirme, chez la femelle, par une hémorrhagie utérine analogue à la menstruation et connue sous le nom de *chaleur.*

Plus tard, encore, la fonction génératrice arrive à son complet développement; c'est l'époque de la fécondité. Celle-ci est toujours plus longue chez le mâle que chez la femelle.

Plus tard, enfin, l'activité génitale diminue et les organes préposés à cette fonction se flétrissent et s'atrophient.

3° Le *système pileux.*

D'abord courts, laineux et de couleur effacée, les poils qui constituent la robe de l'animal deviennent plus longs, plus soyeux, plus brillants et plus accentués dans leurs tons.

A une période plus avancée, on voit les tempes, le tour du nez et des yeux se piqueter de poils gris, puis devenir entièrement blancs. La pointe du coude et du jarret se dépile et se recouvre de callosités. Parfois, cette dépilation se fait sentir sur toute la ligne du dos et des lombes dont la peau se durcit, se plisse, se crevasse et se recouvre d'une matière écailleuse grisâtre.

4° *La forme générale du corps.*

C'est ainsi qu'on voit le museau s'élargir, le ventre diminuer, se rétracter même; les articulations apparaître avec tous leurs reliefs. Puis, tout à fait au déclin de la vie, la maigreur s'accentue et l'animal tombe dans un marasme profond.

5° *Le système dentaire.*

Les dents qui fournissent des signes très nets chez le cheval et les autres herbivores n'offrent plus chez les carnivores, et surtout chez le chat, qu'un nombre tout à fait restreint d'indications utiles.

Le cloisonnement des alvéoles, la formation et l'ossification des follicules caractérisent la vie fœtale.

Quand le jeune chat vient au jour il porte déjà une partie de ses dents de lait et l'éruption des autres s'achève en fort peu de temps.

Vers *deux* ou *trois mois* les pinces et les mitoyennes des deux mâchoires tombent pour être remplacées par les dents *permanentes* ou de *deuxième dentition*.

Vers *cinq* ou *six mois* disparaît tout ce qui reste de la dentition première, et le jeune chat se trouve en possession de toutes ses dents adultes.

Le travail de la dentition terminé, l'âge s'apprécie ensuite, mais, nous le répétons, toujours d'une façon approximative, par l'usure des dents.

La destruction de l'émail, l'apparition de taches jaunes ou noirâtres, l'atrophie du bulbe, l'ébranlement et la chute des dents, le rétrécissement et l'effacement des alvéoles constituent toute une série de signes que l'on peut consulter.

Ainsi vers le *dixième mois* jusqu'au *douzième* la bouche est en plein état de fraîcheur. A partir de cette époque l'usure commence son œuvre.

A *quatorze mois* les pinces de la mâchoire inférieure sont déjà complètement rasées.

A *dix-huit mois* commence le rasement des mitoyennes.

A *deux ans* les pinces de la mâchoire supérieure subissent un commencement d'usure; les dents sont ternes et jaunâtres.

A *deux ans* et *demi* l'usure s'attaque aux mitoyennes de la mâchoire supérieure; les crocs commencent à jaunir.

De *trois ans à quatre ans* rasement complet des dents des deux mâchoires.

A partir de cette époque, les indices tirés de l'inspection des mâchoires ne sont plus que vagues et incertains. Seul, l'examen des crochets peut encore fournir quelques renseignements. Au fur et à mesure que le chat avance en âge ils jaunissent, s'émoussent et s'usent sur leurs points de frottement.

D'après Lassaigne et Bibia la composition chimique des dents dans l'âge avancé se rapprocherait de celle qu'elle présente aux premiers jours de la vie; les matières organiques iraient en augmentant. Tandis qu'ils ont trouvé sur l'homme adulte 29 % de matières organiques et 71 % de matières inorganiques, les proportions ont été de 35 et 65 % chez un enfant et de 33 et 67 % chez un vieillard de quatre-vingt-un ans.

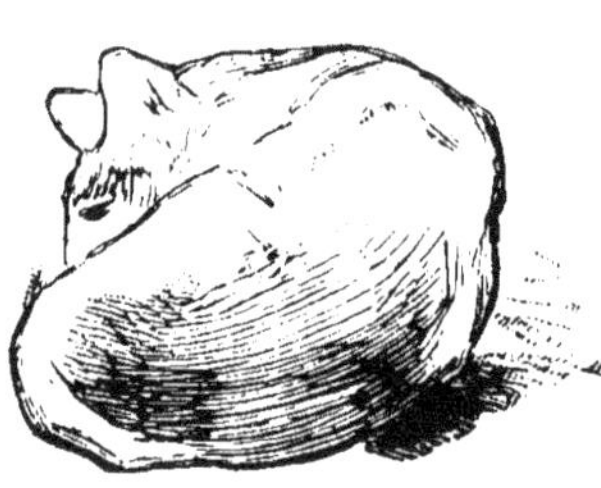

A un âge tout à fait avancé on constate certaines modifications des maxillaires. Ceux-ci s'allongent, tandis que leur rebord s'amincit et s'efface.

6° Enfin, le *jeu des organes* fournit aussi un certain nombre de signes particuliers.

L'*œil* perd sa limpidité, sa transparence et son pouvoir d'accommodation; la rétine et le cristallin prennent une teinte jaunâtre et parfois s'infiltrent de graisse; enfin, la cornée transparente s'encadre de ce cercle grisâtre désigné par les médecins sous le nom d'*arc senile.*

La sensibilité de *l'ouïe* s'émousse jusqu'à provoquer la surdité.

La *circulation* d'abord rapide chez le tout jeune animal, diminue jusqu'à l'âge adulte où elle reste stationnaire pour augmenter ensuite.

La *respiration*, elle aussi, subit la même série de phénomènes. Chez l'animal avancé en âge les articulations des côtes perdent de leur flexibilité, leurs cartilages s'ossifient, le tissu pulmonaire se modifie, et tous ces changements organiques, rendant l'inspiration moins profonde, réduisent forcément la quantité d'air qui s'introduit au sein de l'organe pulmonaire.

Tels sont — rapidement passés en revue — les signes à l'aide desquels on peut, dans une certaine mesure déterminer l'âge du chat.

Malheureusement, s'il n'est pas possible, chez cet animal comme chez l'homme de suivre, pour ainsi dire, chaque âge successivement, on peut toujours séparer nettement les unes des autres, par un examen attentif, les principales époques du cours de la vie.

Aussi bien, du reste, cette question n'est, au

point de vue de l'étude de l'animal qui nous occupe, que d'une importance relative.

Malgré cela, nous ne pouvions la passer sous silence.

CHAPITRE VI.

USAGES ET PRODUITS.

SOMMAIRE. — Sus aux déprédateurs! — Leur ennemi naturel. — La biographie de *Mylord Cat.* — Les expériences de Lenz. — Chasseur de serpents. — Les chats de l'île de Chypre. — Utile encore après sa mort. — Concurrence déloyale.

L'Attila, le fléau des rats!
(LA FONTAINE.)

Qui de nous n'a quelquefois maudit ces voleurs domestiques, effrontés autant qu'odieux, dont le passage dans une habitation peut occasionner les plus grands dégâts?

Nous voulons parler des souris et des rats les seuls d'entre les rongeurs qui se soient répandus avec l'homme — sans sa permission, bien entendu — sur toute la surface de la terre et l'aient suivi sous toutes les latitudes.

Il n'est aucune précaution qui vaille contre ces importuns passés maîtres dans tous les exercices du corps, qui courent, nagent, plongent, grimpent, creusent avec une égale habileté.

Eh bien, le seul moyen de mettre un obstacle à

leurs déprédations, c'est de faire appel à leur ennemi naturel : le chat!

Le chat, l'un de nos plus précieux animaux domestiques, l'un de ceux qui méritent le plus, non seulement nos égards et nos soins, mais encore notre amitié et notre reconnaissance.

Qui ne connaît l'histoire de ce jeune Anglais qui fit une fortune colossale dans les Indes à l'aide de son chat?

Rappelons-la cependant :

Un marajah, et des plus opulents, était depuis longtemps, tourmenté ainsi que ses sujets, par une tourbe de rats, dont les importunités s'exerçaient sans relâche envers et contre tous.

Il est à remarquer que l'impudence de ces rongeurs s'accroît au fur et à mesure qu'ils s'aperçoivent que l'homme ne peut rien contre eux. C'est au point qu'on serait tenté d'admirer leur téméraire hardiesse, si l'on n'avait pour les haïr les plus sérieuses raisons.

Absolument désarmé contre ces implacables ennemis, le marajah et ses Indiens allaient se voir forcés de faire appel à cette résignation robuste, qu'on ne trouve que sous ces latitudes, et à accepter fatalement la société de ces hôtes incommodes, quand débarquèrent chez eux notre Anglais et son chat.

La bête se mit à l'œuvre sans retard et fit des prouesses. Tout ce qu'elle atteignit, mordit bientôt la poussière et ces ennemis, jusqu'alors invincibles, commencèrent à lâcher pied.

Pénétré de reconnaissance, le monarque indien ouvrit immédiatement ses coffres au maître du chat et l'y laissa puiser à l'aise.

En vérité, un pareil service ne pouvait être trop payé. L'histoire ne dit pas quelle récompense eut le quadrupède. Je ne serais pas étonné que rééditant la tradition de l'Égypte, les Indiens n'eussent taillé grossièrement ses traits dans la pierre pour le placer à côté de leurs idoles.

Quant à l'Anglais il revint dans sa patrie prodigieusement enrichi et y fonda la Bourse actuelle de Londres. Il avait nom Richard Whittington, mais, par souvenir de son aventure, on ne l'appelait dans la grande capitale que *Mylord Cat* (Mylord Chat), nom qu'il conserva et qui devint patronymique.

La quantité de rats et de souris qu'un chat peut détruire est vraiment prodigieuse. Il serait difficile d'y croire si les chiffres n'étaient là pour en témoigner.

Un auteur allemand, Lentz, qui s'est beaucoup occupé de cette question fait le récit suivant :

« Pour savoir, dit-il, quelle peut être la part

prise par un chat à la destruction des souris, j'ai utilisé l'année 1857 qui fut extrêmement féconde en petits animaux de cette espèce. Le 20 septembre j'enfermai dans une petite loge disposée pour des expériences de ce genre, deux petits chats angoras-métis, tigrés de brun sur robe fauve, et qui étaient âgés de quarante-huit jours. Je leur donnai pour nourriture quotidienne du pain et du lait et en outre à chacun de quatre à dix souris qu'ils ne manquaient jamais de dévorer complètement. Lorsqu'ils eurent cinquante-six jours accomplis, je ne fournis plus à chacun d'eux que du lait et dans l'intervalle quatorze souris adultes ou tout au moins à moitié adultes. Les jeunes chats mangeaient tout sans rien rejeter, se trouvaient au mieux de ce régime et montraient le lendemain l'appétit de la veille..... Bientôt après, les mangeurs de souris, en question, ayant été relâchés, j'enfermai à leur place, vers neuf heures du soir, un jeune chat angora-métis, âgé de cinq mois et demi, et je ne lui donnai rien à manger pour la nuit. Le jeune animal montra d'abord de la tristesse en se voyant enfermé et privé des ébats de son âge ; le lendemain matin, je lui donnai, pour toute la journée, un mélange de lait et d'eau, à parties égales. J'avais une provision de quarante mulots fraîchement tués et, de temps en temps, je lui en donnais un certain nombre.

A neuf heures du soir et, par conséquent en vingt-quatre heures de captivité, le prisonnier avait mangé vingt-deux souris, dont la moitié était adulte, et l'autre moitié à demi-adulte. L'animal ne rejeta rien et continua à bien se porter. Pendant toute l'année mes chats furent occupés nuit et jour à prendre et à manger des souris, et néanmoins, chacun d'eux mangea encore, le 27 septembre, dans l'espace d'une demi-heure, huit souris que je leur donnai comme extrà.

« D'après ces expériences j'admets d'une manière positive que dans les années où il y a beaucoup de souris, tout chat demi-adulte mange en moyenne vingt souris par jour, — c'est-à-dire *sept mille trois cents* souris par an. Dans les années où ces petits rongeurs sont moins abondants, j'évalue ce même total à *trois mille six cent cinquante* ou bien un équivalent en rats au lieu de souris..... »

Ceci n'a rien qui doive nous surprendre et, à l'appui de ces lignes, nous citerons, de nouveau le témoignage de Tschudi (1) qui rapporte avoir trouvé « les restes de vingt-six souris dans l'estomac d'un individu de cette espèce. »

Aussi bien, du reste, la chair des souris est peu

(1) *Loco citato.*

assimilable, c'est-à-dire peu nourrissante, c'est ce qui explique pourquoi les animaux, qui vivent de ces petits rongeurs, peuvent en manger une aussi énorme quantité. C'est d'autant plus vrai, qu'on constate le même phénomène sur d'autres animaux se nourrissant également de petits rongeurs; nous voulons parler des rapaces nocturnes, tels que la chouette, le busard, etc., qui peuvent dévorer des quantités considérables de souris.

Dans certains pays, aux États-Unis par exemple, les chats sont employés par l'administration pour défendre de ces rongeurs les paperasses et les archives.

Nous ajouterons que chez nous ils sont fonctionnaires publics, qu'ils ont leurs appointements et leurs logements — ceux-là même qu'ils sont chargés de défendre, — les immenses magasins de la marine française.

« On devine aisément, dit M. Eugène Mouton dans sa *Zoologie morale*, que pour arriver à se faire une pareille situation, il ait fallu autant de rouerie que d'intelligence, beaucoup de patience, une volonté souple et infatigable et « des antécédents ». Sans ces malheureux « antécédents », c'est le renard qui aurait eu la place ; mais il a une réputation détestable et de plus il est sauvage.

« En dehors de lui, il n'y avait que le chat.

Non pas que le chien n'eut pu faire le service dont il s'agit, mais il n'est ni ambitieux, ni intrigant, et le chat, personnage dont la moralité n'est que contestée, mais dont l'intelligence et l'adresse sont incontestables, a emporté la position et l'y voilà inamovible, au moins autant qu'on peut l'espérer en ces temps agités, car ses fonctions n'ont rien de politique.

« La marine n'a rien pu trouver de mieux pour défendre ses approvisionnements contre les déprédations des rats que d'*entretenir* un certain nombre de leurs ennemis les plus intimes : c'est l'infanterie de marine à quatre pattes.

« Partant de là, ils forment un personnel qu'il faut nourrir, surveiller, conserver et dont la présence doit être constatée au corps; ce corps est donc administré puisqu'il donne lieu à une dépense; il est donc inspecté puisqu'il faut justifier l'emploi des sommes affectées à cette partie du service. Le chat prend part au budget et il est justiciable de la cour des comptes. »

M. Eugène Mouton ajoute qu'après une visite à l'arsenal avec un de ses amis, qui lui donnait tous ces détails, rencontrant en s'en allant plusieurs chats, leur physionomie prit à ses yeux un caractère nouveau.

« On dirait, dit-il, des fonctionnaires entrant à leur bureau ! »

Le chat ne détruit pas seulement les souris et les rats, il mange encore les insectes nuisibles, tels que les sauterelles et les hannetons.

Il n'est pas jusqu'au serpent qu'il n'attaque et ne tue.

« Il m'est arrivé plus d'une fois, au Paraguay, dit Reugger, de voir des chats poursuivre des serpents à sonnettes sur des points où le sol était sablonneux et privé de gazon et les harceler jusqu'à ce qu'ils fussent morts. Ils donnent des coups de pattes au reptile avec leur adresse instinctive et se jettent aussitôt de côté pour éviter l'élan de l'ennemi; si le serpent s'enroule sur lui-même le chat reste longtemps sans l'attaquer et tourne autour de lui jusqu'à ce que la bête malfaisante soit lasse de diriger la tête dans tous les sens pour suivre ses mouvements. A ce moment, il lui applique un nouveau coup de patte et s'élance sur le côté; si le serpent cherche à fuir, le chat le prend par la queue comme pour jouer avec lui. En procédant ainsi par une série de coups de pattes répétés, les chats arrivent ordinairement à tuer leur ennemi en moins d'une heure, mais ils n'en touchent jamais la chair. »

Cette haine du félin contre le reptile fut utilisé par les moines de l'île de Chypre qui, infestés de serpents, lâchèrent après eux une troupe de chats qui — en peu de temps — purgea l'île d'une façon complète. Dès *matines*, on ouvrait aux chats les portes du monastère et ils se répandaient dans la campagne pour faire leur guerre d'extermination; ils ne rentraient que pour souper aux premiers coups de cloche de l'*angelus*.

Ce couvent, situé près de *Bafa* (jadis *Paphos*), s'élevait sur une langue de terre qui porte encore, malgré la destruction totale du couvent par les Turcs, le noms de *cap des Chats*.

Ne sont-ce pas là de sérieux services et le chat n'a-t-il pas le droit de compter au nombre de nos animaux domestiques parmi les plus utiles, même parmi les plus indispensables ?

Mais ce n'est pas tout.

Après sa mort il nous laisse une belle et bonne fourrure qui peut remplacer avec avantage celle d'animaux plus précieux et ses boyaux servent à fabriquer les meilleures cordes à violons.

Nous ne parlerons pas des services qu'il rend à l'alimentation sous le nom fantaisiste de « lapin de gouttières ». La façon plus qu'irrégulière dont il apparaît transformé en gibelotte sous les tonnelles de certains restaurants de barrière ne nous permet pas de nous appesantir sur ce point. Disons, cependant, que sa chair est assez fine et assez délicate et que ce ne fut pas elle qu'on dédaigna le plus, pendant le siège de Paris, quand on fut obligé de traiter comme comestibles certains animaux qui jusqu'alors n'avaient point encore eu les honneurs culinaires.

TROISIÈME PARTIE.

MALADIES.

Nous avons dit, dans les pages qui précèdent, de quel prix est pour l'homme la présence du chat dans les habitations.

Manifestons maintenant le regret qu'une bête si éminemment utile et vouée, — de par l'état de domesticité que nous lui imposons, — à tant de maladies et d'infirmités diverses n'ait encore trouvé personne pour étudier, et les maux que lui occasionne fatalement cette servitude, et les moyens les plus propres de les enrayer et d'y porter remède.

Il y a là une lacune.

Cette lacune nous n'avons pas la prétention de la combler. Nous y jeterons seulement, — en manière de fascines, — les observations que la pratique nous a apprises, heureux si nous trouvons des continuateurs pour compléter notre œuvre.

Afin d'enlever à ce travail toute prétention scientifique nous présentons, — en les rangeant par lettre alphabétique, — les diverses affections auxquelles est en butte l'intéressant animal dont nous avons essayé de faire l'histoire.

Mais, avant d'exposer la description de ces différents états morbides, il est bon que nous donnions ici les signes généraux qui caractérisent l'état de l'animal bien portant.

§ 1. — *Signes généraux de l'état de santé.*

L'état de santé chez le chat s'accuse par un poil souple, brillant, lustré et couché à plat; le bout du nez, constamment lubréfié par un liquide spécial, est humide et froid; les muqueuses de l'œil et de l'intérieur de la bouche sont rosées, le pouls exploré, soit au niveau du cœur, soit à l'artère de l'avant-bras ou à celle de la cuisse donne de 95 à 100 pulsations. Mais toutes les émotions vives : la colère, la joie, la frayeur, etc., peuvent accélérer ou diminuer les battements cardiaques.

Les mouvements de la respiration, égaux et réguliers, sont au nombre de 18 à 20 par minute, —

excepté chez les vieux et chez les jeunes chats, qui ont les respirations moins nombreuses.

De plus, chose facile à constater, l'animal est gai, fait souvent le gros dos, s'allonge, s'étire, lisse fréquemment de la langue le poil de sa fourrure, « ronronne » et enfin mange de bon appétit.

§ 2. — *Signes généraux de l'état de maladie.*

Dans l'état de maladie, au contraire, l'appétit diminue ou devient entièrement nul; l'animal est triste, inquiet et recherche les endroits sombres; si la fièvre est intense, il recherche les boissons froides.

En même temps, les forces diminuent, l'énergie s'éteint.

L'animal, alors, ne prend plus soin de lui-même et se désintéresse de tout ce qui se passe autour de lui. Le poil hérissé perd de son éclat.

Le pouls et les mouvements respiratoires se troublent dans leur rythme et dans leur nombre.

Les excréments sont irrégulièrement expulsés, etc...

Ceci dit, examinons successivement les expressions si diverses par lesquelles se traduit chaque maladie en particulier.

A.

ABCÈS (Dépôts).

On donne le nom d'*abcès* à toute collection de pus déposée dans un espace circonscrit accidentel.

On dit, au contraire, qu'il y a *épanchement* lorsque le pus se rassemble dans un espace naturel, tel qu'une des grandes cavités du corps : l'abdomen, la poitrine, etc.

On décrit plusieurs sortes d'abcès. Ils sont dits : *chauds* ou phlegmoneux quand ils succèdent à un état inflammatoire aigu.

Froids, quand le pus s'établit au sein des tissus sans phénomènes fébriles préalables.

Caractères. — Les symptômes des abcès sont variables; cependant, il est quelques signes d'après lesquels on peut aisément reconnaître leur présence.

D'abord, ils donnent lieu à un certain gonflement des parties qui les environnent; ensuite, ces parties sont douloureuses au toucher ; on y sent le plus souvent des espèces de pulsations ; la peau est chaude, rouge, tendue, luisante et forme comme une sorte de tumeur saillante dont le centre est mou et dépressible ; autour de cette tumeur on remarque un engorgement pâteux qui conserve la trace du doigt, quand il a pressé dessus ; enfin, lorsqu'on appuie la main sur un des côtés de la tumeur et qu'on donne un petit coup sec avec le bout du doigt sur le point opposé on sent comme un mouvement de reflux dû, bien évidemment, à la présence du liquide au sein de la tumeur.

Traitement. — On ne peut que difficilement prévenir la formation des abcès ; les cataplasmes, les vésicatoires, les sangsues sont les moyens les plus généralement employés, mais leur efficacité est loin d'être toujours certaine.

Une fois les abcès développés, il faut se hâter de les ouvrir. L'ouverture doit toujours être largement pratiquée, afin de donner écoulement au pus de façon aussi complète que possible. Ensuite, on applique des cataplasmes et, s'il y a nécessité, on fait avec de l'étoupe une sorte de mèche qu'on introduit dans l'ouverture pour l'empêcher de se fermer.

N. B. — Les abcès chauds sont assez rares chez le chat. La plupart du temps, ils sont dus à la présence d'un corps étranger : aiguille, épingle, arête de poisson, etc., que l'animal a avalé en jouant et qui tend à se faire jour au dehors par la formation d'un dépôt purulent.

Quant aux abcès froids, on les rencontre assez fréquemment, surtout chez les chats blancs. Nous avons dit, du reste, que ces derniers étaient particulièrement lymphatiques.

ANGINE.

On distingue, d'après leur siège et leur nature, plusieurs sortes d'angines.

D'après leur siège on les appelle angine *laryngée* ou angine *pharyngée*, suivant qu'elles occupent le larynx ou le pharynx.

D'après leur nature elles sont dites *simples* ou *spécifiques*.

1° *Angine simple* — On désigne ainsi l'inflammation des amygdales. Les anciens l'appelaient *esquinancie*.

Caractères. — Le chat est triste, perd l'appétit, porte la tête basse, et fait de fréquents mouvements de la tête sur le cou. La gueule reste entr'ouverte et laisse échapper une mucosité filante qui se détache avec peine du fond de la gorge. Si l'on écarte les mâchoires, on voit la langue couverte d'un enduit pâteux et l'arrière-bouche fortement congestionnée.

Lorsque le mal est très intense, il n'est pas rare de voir se former en cette région un abcès qui s'ouvre dans les efforts que fait l'animal pour rejeter les mucosités ou pour vomir.

Traitement. — Un vomitif (0,03 centig. d'émétique délayé dans un peu d'eau), suffit souvent pour arrêter le mal à son début.

La saignée, les lavements purgatifs, les injections dans la gorge avec de l'eau de figue et de l'alun sont les moyens les plus généralement employés pour combattre la maladie.

2° *Angine spécifique.* — Celle-ci est analogue à l'angine « couenneuse » de l'homme.

Aux symptômes précédemment indiqués se joint la présence au fond de la gorge de peaux d'un blanc grisâtre, se formant avec rapidité et s'étendant parfois jusque dans la bouche et dans le nez.

Cette maladie est grave et souvent mortelle.

Traitement. — A l'aide d'un pinceau imprégné d'un mélange composé de trois quarts d'eau et d'un quart d'acide chlorhydrique on badigeonne toutes les parties malades deux ou trois fois par jour.

On peut encore faire usage de l'alun en poudre que l'on porte au fond de la bouche en l'insufflant vivement.

ANÉMIE.

Ce mot sert à désigner deux états du sang : l'un caractérisé par une modification des éléments de ce liquide : fibrine, matière colorante, sels, fer, etc., l'autre par la diminution du fluide circulatoire comme cela se produit après une hémorrhagie.

L'anémie n'est pas rare chez le chat.

Traitement. — C'est principalement au moyen d'une bonne alimentation, d'un air pur et à l'aide des toniques amers et des préparations ferrugineuses qu'on peut combattre cette affection avec efficacité — à moins, toutefois, qu'elle ne soit déterminée par une lésion organique d'une certaine gravité.

APHTHES.

On désigne ainsi de petites ulcérations qui se déclarent à la face interne des joues, de la langue, du voile du palais, des amygdales, etc.

Caractères. — On voit d'abord se former de petits points saillants, rouges qui bientôt blanchissent à leur sommet, tandis que leur base s'épaissit et s'indure. Puis, ces petits points s'ouvrent et laissent échapper un liquide épais et blanchâtre. Il reste alors une petite ulcération superficielle très rouge, dont le fond se garnit d'une exsudation qui se durcit, forme une petite croûte et s'échappe avec la salive. Bientôt survient la cicatrisation.

Traitement. — Faire prendre au chat un léger purgatif (huile de ricin, 20 gram.) et injecter dans la gueule le liquide suivant :

Eau simple. . .	100 grammes.
Alun	30 grammes.
Miel.	40 grammes.

ASTHME.

L'asthme est très commun chez les vieux chats.

Cette affection est caractérisée par la difficulté, de respirer qui revient à des époques déterminées ou indéterminées.

Elle est indépendante, en certains cas, de toute lésion des organes, tandis que dans d'autres elle tient à quelque état morbide particulier du poumon, du cœur, ou des gros vaisseaux.

L'asthme se manifeste toujours par accès.

Le chat éprouve un impérieux besoin de respirer l'air frais. Il fait de grands efforts pour dilater sa poitrine afin d'aspirer le plus d'air possible. Le mouvement de l'inspiration est toujours plus facile que celui de l'expiration.

La toux est fréquente; parfois la suffocation se montre menaçante et l'animal se trouve dans un état d'angoisse inexprimable : les yeux saillent de l'orbite, le poil se hérisse et les muqueuses apparentes prennent une teinte bleuâtre.

Au bout d'un temps plus ou moins long, la poitrine devient plus facilement dilatable et l'animal rejette par la gueule et par le nez quelques mucosités claires et filantes.

L'accès cesse alors pour reparaître ensuite quelque temps après.

Souvent ces accès sont produits chez les vieux chats par l'accumulation dans l'estomac de masses de poil que l'animal a ingérées en faisant sa toilette et en lissant son poil de sa langue rugueuse. Il fait alors toutes sortes d'efforts pour rejeter ces pelottes de poils feutrés et, souvent en ce moment, un accès d'asthme se déclare.

Traitement. — Dès que l'accès se produit, administrer sans perdre de temps un vomitif (0,03 centigrammes d'émétique dissous dans un peu d'eau tiède), puis donner successivement, à quelques instants d'intervalle, des cuillerées d'eau sucrée auxquelles on ajoute quelques gouttes d'éther ou d'ammoniaque. On peut faire également respirer à l'animal de l'ammoniaque ou du chlore.

B.

BRONCHITE.

La bronchite est l'inflammation de la membrane muqueuse des bronches.

Elle est surtout fréquente chez les jeunes chats; on la désigne vulgairement sous le nom de *Rhume*.

Caractères. — La bronchite peut être aiguë ou chronique.

Aiguë, elle est caractérisée par la franchise de l'inflammation et par la marche régulière et rapide des symptômes qui l'accompagnent.

Elle se manifeste à son début par une toux plus ou moins douloureuse, par un jetage muqueux plus ou moins abondant et par une douleur plus ou moins vive de la gorge et des parois de la poitrine.

Cette affection, quand elle ne se traduit pas par les symptômes que nous venons de décrire, est généralement bénigne.

La bronchite intense est plus sérieuse.

Elle s'accuse par une toux rauque, quinteuse, qui fatigue l'animal, des mouvements fébriles précédés de frissons, la perte de l'appétit et une soif des plus intenses.

S'il ne survient pas de complication, la fièvre tombe, la gêne respiratoire disparaît, l'expectoration et le jetage deviennent plus épais et prennent une coloration verdâtre. Alors, la maladie disparaît ou bien passe à l'état chronique.

La bronchite chronique est caractérisée par l'irrégularité de la marche du mal. On la désigne encore sous le nom de *catarrhe pulmonaire,* parce que l'expectoration en est, pour ainsi dire, le caractère dominant.

La bronchite se présente particulièrement sous cette forme chez les jeunes et les vieux chats. Et, tandis qu'elle est généralement peu grave chez les adultes, elle prend, à l'origine comme au déclin de la vie, un caractère exceptionnel de gravité qui, bientôt, amène chez les malades le dépérissement et la mort.

Traitement. — Tout à fait au début, quand le mal est peu intense, les boissons gommeuses suffisent pour tout traitement. Mais, dès qu'il s'accuse avec un certain caractère de gravité, il faut mettre le chat à la diète, puis appliquer sur les parois de la poitrine de larges sinapismes, et à l'intérieur administrer la potion suivante :

Décoction de racine d'ipéca. .	0,30	centigr.
dans eau	100	grammes.
Teinture de noix vomique . .	10	gouttes.
Sirop simple	20	grammes.

La bronchite chronique réclame d'autres moyens. A l'extérieur, on emploiera les badigeonnages de teinture d'iode sur les parois de la poitrine, après avoir pris le soin, bien entendu, de couper préalablement les poils, et concurremment, à l'intérieur, les substances amères et aromatiques, telles : le quinquina, la sauge, le lichen etc.

BRULURES.

On définit la brûlure toute action produite sur les tissus par l'action de la chaleur concentrée.

Quand la brûlure est légère, la peau rougit à peine, et s'il se forme quelques vésicules, elles disparaissent d'elles-mêmes, au bout de très peu de temps.

Au contraire, quand les chairs sont profondément atteintes, il faut alors combattre, par une médication appropriée, les effets désorganisants de la brûlure.

Traitement. — L'eau froide est un excellent calmant. On applique des linges mouillés sur les parties malades, ou même on trempe celles-ci dans l'eau si cela est possible.

On peut encore se servir avec succès du coton qu'on étale sur toute l'étendue des brûlures, en ayant soin de mettre plusieurs couches les unes sur les autres.

On peut encore mettre en usage un mélange d'huile et d'eau de chaux associées en proportions égales.

C.

CHLOROSE.

Rien n'est plus fréquent chez la chatte que cette affection.

Elle se caractérise par la décoloration de la peau et des muqueuses, une débilitation plus ou moins prononcée et quelques troubles fonctionnels.

La peau est sèche, le poil terne et hérissé, les chairs sont molles et flasques, l'animal est en proie à un état complet de lassitude; parfois les membres inférieurs se gonflent et gardent l'empreinte du doigt.

L'appétit est peu marqué, inégal, capricieux; la constipation est souvent opiniâtre.

Cette affection se manifeste d'ordinaire chez les chattes que l'on force à vivre de la vie sédentaire et auxquelles on refuse le droit de libre essor amoureux.

Traitement. — Le plus rationnel est de donner satisfaction aux désirs de la malade, et, en même temps, de la soumettre à une médication tonique et à un régime substantiel.

COLIQUES.

On désigne ainsi toute douleur plus ou moins vive, ayant son siège en un point déterminé du ventre et s'accompagnant d'un sentiment de tiraillement.

Les coliques sont presque toujours le signe de quelque trouble intestinal.

Les vers, la présence de pelottes de poils dans l'intestin, l'inflammation de la muqueuse de cet organe, comme il arrive dans la *Diarrhée* ou la *Dysenterie* (V. ces mots), la présence de calculs dans un des canaux du foie, de gaz dans l'intestin, etc., telles sont les causes qui, le plus souvent, déterminent l'apparition des coliques.

On le voit, par cet exposé, les coliques ne constituent pas, à parler proprement, une maladie définie; elles ne sont, le plus souvent, que l'expression symptomatique de quelques affections.

Aussi, renvoyons-nous nos lecteurs à la description des différentes maladies qu'elles accompagnent d'ordinaire.

CONGESTION CÉRÉBRALE.

Cette affection s'exprime par une congestion des vaisseaux de l'encéphale et de ses enveloppes.

Elle se traduit par les symptômes suivants :

Pesanteur de tête, vertige, rougeur des yeux,

assoupissement, perversion de la vue et de l'ouïe.

Cet état peut durer plusieurs jours et finit par la résolution, mais dans quelques cas il se termine par une attaque d'apoplexie.

Ces attaques peuvent se reproduire de temps à autres.

Traitement. — Éviter à l'animal les émotions violentes, l'action du soleil etc.

Une fois la congestion déclarée, appliquer sur la tête des compresses d'eau froide ou une vessie pleine de glace pilée; mais afin d'éviter les effets dangereux d'une réaction trop subite, il ne faut enlever ces réfrigérents que d'une façon graduée en les remplaçant successivement par des compresses d'eau de moins en moins froide jusqu'à ce qu'on soit arrivé à la température ordinaire du corps.

A l'intérieur, administrer des lavements fréquemment répétés et faire prendre des pilules d'aloès à la dose de 50 centigrammes d'heure en heure.

CONSTIPATION.

La constipation est chose très fréquente chez les chats qui vivent de la vie sédentaire.

Le plus habituellement, elle est occasionnée par le séjour prolongé des excréments dans le gros intestin, lorsque les animaux ne peuvent librement satisfaire le besoin de les expulser.

Les matières acquièrent alors une dureté considérable, d'où résultent de violents efforts pour les évacuer.

Quelquefois — mais bien plus rarement — la constipation résulte d'un obstacle mécanique comme dans les hernies, ou d'une tumeur exerçant une compression sur l'intestin.

Traitement. — Dans le cas de constipation simple, il suffit pour la combattre avec avantage d'administrer 15 grammes d'huile de ricin et quelques lavements au sulfate de soude.

En même temps, pour éviter les rechutes — soumettre le chat à un régime rafraîchissant tel que le laitage.

CONTUSION.

Les contusions sont des blessures faites par le choc ou la pression d'un corps dur sans qu'il se produise aucun endommagement de la peau. Lorsque la peau est entamée, c'est ce qu'on nomme *plaie contuse.*

La gravité d'une contusion dépend surtout de la région qui en est le siège.

Les effets forcés de toute contusion sont l'épanchement du sang qui s'échappe des vaisseaux rompus et sa dissémination dans les aréoles du tissu cutané ou du tissu cellulaire (*ecchymose*); la douleur causée par le froissement des parties atteintes de vermine, dans quelques cas la paralysie, — conséquence forcée des lésions supportées par les filets nerveux.

Ces symptômes peuvent disparaître d'eux-mêmes et peu à peu, ou bien ils s'aggravent et alors surviennent des abcès, des dépôts sanguins etc...

Au bout de deux ou trois jours, en écartant les poils, on voit la peau de la partie contuse soulevée par le sang extravasé et présentant une couleur noirâtre et violacée. S'il n'y a pas de complications, cette coloration ne tarde pas à disparaître et la peau reprend sa couleur normale.

Traitement. — Les médications à employer sont des plus simples :

Il s'agit, tout d'abord, de favoriser la résorption du sang épanché dans les tissus. Pour cela il suffit, si la contusion est récente, d'appliquer tout simplement des compresses d'eau froide souvent renouvelées ; un peu plus tard, on fera des lotions avec l'eau-de-vie camphrée, ou avec n'importe laquelle de ces eaux spiritueuses désignées vulgairement sous le nom de ***vulnéraires.***

S'il y a trop de douleur, abandonner les réfrigérents et les résolutifs pour recourir aux topiques émollients (cataplasmes).

CONVULSIONS.

Le mot de convulsion sert à désigner toute contraction involontaire et instantanée se manifestant dans les muscles de la vie animale avec ou sans perte de connaissance.

Les convulsions se montrent particulièrement chez les jeunes chats.

Le travail de la dentition en est la cause la plus fréquente ; mais les vers intestinaux, les affections éruptives de la peau et le début de certaines maladies graves les occasionnent assez souvent.

D'où il suit que les convulsions ne constituent jamais à elles seules une maladie; elles sont toujours une simple manifestation symptomatique dont la signification, du reste, est entièrement variable.

Tantôt, elles se traduisent par de très légers troubles, d'autres fois ces troubles retentissent sur tout l'ensemble de l'économie. Le regard devient fixe, les muscles de la face se contractent et les mâchoires se serrent l'une contre l'autre, le corps est agité de secousses irrégulières, les membres se tordent, les yeux roulent dans l'orbite; puis, à ces mouvements plus ou moins désordonnés, succède une période d'abattement, de prostration désignée sous le nom de *coma.*

Les convulsions sont toujours chose grave, car en se répétant elles peuvent souvent être cause de mort.

Traitement. — Administrer immédiatement un vomitif, puis ensuite un lavement fortement purgatif et appliquer des sinapismes aux quatre extrémités. Un peu plus tard, pour prévenir de nouvelles crises, faire prendre d'heure en heure la potion ci-après :

Infusion de tilleul oranger. .		100 grammes.
Eau de laurier cerise.		15 gouttes.
Sirop d'éther. . .	*aa*. . .	10 grammes.
Sirop de pavots. .		

F. S. A.

CORPS ÉTRANGERS.

Rien n'est moins rare que de rencontrer, arrêtés dans le gosier du chat, des corps étrangers, les uns solubles, qui, au bout d'un certain temps, finissent par disparaître, tels : le sucre, le pain, les aliments en général; les autres durs, résistants, insolubles qui peuvent provoquer l'asphyxie en comprimant trop fortement les voies respiratoires, ou déterminer la mort en perforant ou en coupant des vaisseaux importants; tels sont, dans le premier cas, une bille, une balle de plomb, une pièce de monnaie, etc..., dans le second : un morceau de verre, une aiguille, une épingle, une arête, etc.

C'est toujours chose inquiétante et même dangereuse qu'un corps étranger arrêté dans l'œsophage. Quand bien même on n'aurait pas à constater immédiatement un accident grave, il y a toujours lieu de redouter quelque complication, car, à la longue, il peut irriter, enflammer, et même perforer les organes.

Traitement. — Il faut immédiatement essayer de retirer le corps étranger à l'aide de petites pinces en cherchant à faire passer en dessous une petite éponge sèche, tenue à l'extrémité d'une ficelle ou encore au moyen d'une anse métallique que l'on peut aisément confectionner à l'aide d'une aiguille à tricoter pliée en deux, instrument qu'on peut perfectionner en rapprochant les deux côtés pliés dans leur longueur et en les repliant, un peu au-dessus de leur courbure, en forme de crochet.

Si ces tentatives sont infructueuses, provoquer les vomissements. Si tous ces moyens ne donnent aucun résultat et si la suffocation est imminente on peut mettre en usage ce vieux moyen — tout empirique qu'il soit — qui consiste à prendre un poireau, à couper la racine et l'introduire dans l'œsophage en le poussant vers l'estomac. Si aucun de ces moyens ne réussit, il faut immédiatement faire *l'œsophogotomie;* — ceci est œuvre de praticien.

CORYZA.

C'est l'inflammation de la membrane muqueuse qui tapisse le nez.

Le mal débute par des éternuements; le bout

du nez est sec, puis survient un écoulement très abondant et incolore.

Cette maladie, généralement bénigne, quand elle n'est pas le prélude d'une inflammation des bronches ou des poumons, se guérit en quelques jours.

Traitement. — Fumigations à la fleur de sureau.

D.

DARTRES.

On désigne sous le nom de « dartres » certaines affections de la peau se traduisant par des érup-

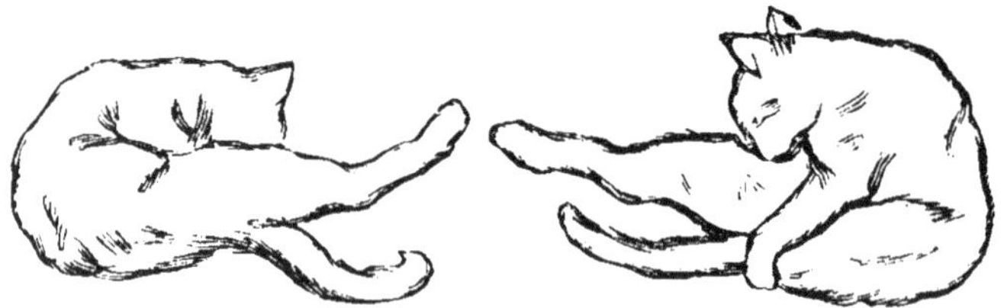

tions squammeuses ou croûteuses plus ou moins humides (*eczema*).

Ces affections qui semblent être l'expression d'un état général sont souvent rebelles à tout traitement — surtout quand elles sont anciennes.

Elles s'observent communément chez le chat. Elles siègent particulièrement sur le dos et sur les membres. Elles se présentent, tout à fait au début, sous la forme de plaques rouges plus ou moins étendues, luisantes et laissant suinter un liquide qui ne tarde pas à se concréter en larges plaques croûteuses.

Traitement. — A l'extérieur : glycérine soufrée, pommade alcaline, lotions alcalines.

A l'intérieur : granules d'arseniate de soude à la dose d'un demi-milligramme (deux par jour).

DIARRHÉE.

On désigne sous ce nom des évacuations alvines abondantes et nombreuses, accompagnées de douleurs du ventre avec gonflement et tension.

Le chat est triste, perd l'appétit, se cache dans les coins, sous les meubles, s'affaiblit et cela d'une façon proportionnée à la quantité des matières rejetées.

Ce mal est généralement peu grave à moins

qu'il n'accompagne une affection organique telle que la phtisie pulmonaire.

Selon la nature des éléments rejetés la diarrhée est *bilieuse*, *séreuse* ou *muqueuse*.

Elle se montre généralement chez les chats voraces, après des constipations opiniâtres.

Traitement. — Pour la diarrhée légère, la diète, le repos, les boissons gommeuses et mucilagineuses suffisent.

Contre la diarrhée intense il faut employer les narcotiques : l'opium, la belladone, etc.

Nous recommandons la formule ci-après :

Eau de tilleul.	80 grammes.
Extrait aqueux de belladone. .	10 centigr.
Sirop diacode.	10 grammes.

Une cuillerée à café toutes les deux heures.

DYSENTERIE.

Cette maladie est caractérisée par un besoin impérieux de rejeter les matières alvines.

Chaque fois que l'animal cherche à satisfaire ce besoin, il éprouve une douleur plus ou moins violente et tous les efforts qu'il provoque n'amènent aucun résultat ou sont insignifiants.

La dysenterie est généralement occasionnée chez le chat par une nourriture de mauvaise qualité ou par le séjour dans un milieu humide, mal aéré, chargé de miasmes putrides.

Les matières rejetées sont d'abord muqueuses, puis séreuses et sanguinolentes ; enfin, c'est du sang en nature qui est rendu, chaque fois, en quantité variable. Au début, ces matières ont peu d'odeur ; mais si le mal se prolonge, elles deviennent d'une insupportable fétidité.

L'animal est triste et amaigri. Il a la peau sèche, rugueuse et le poil hérissé. Sa soif est intense et si on la satisfait, chaque gorgée de liquide avalé provoque immédiatement un nouveau besoin d'évacuation.

Si le mal se prolonge, les pattes se refroidissent, le ventre se gonfle et la chaleur générale s'abaisse quelquefois jusqu'à ce que mort s'ensuive.

Traitement. — Diète absolue, lavements d'eau amidonnée, additionnée de quelques gouttes de laudanum. Cataplasmes sur le ventre.

La potion suivante nous a toujours bien réussi :

Tanin.	1 gramme.
Eau de laurier cerise.	10 grammes.
Eau de fleur d'oranger. . . .	20 grammes.

Eau distillée. . . . . 40 grammes.
Sirop de ratanhia. . . . . . . 25 grammes.

Une cuillerée à café toutes les deux heures.

E.

ECZEMA (voir DARTRES).

F.

FIÈVRE.

On désigne sous le nom de *fièvre* un état de maladie dans lequel le pouls et la chaleur naturelle du corps sont modifiés avec un trouble plus ou moins grand dans les fonctions.

Le nez, dépourvu de son humidité ordinaire, devient sec et chaud. Le poil perd immédiatement de son lustre. En même temps, la soif devient plus vive et l'appétit diminue.

La fièvre précède et accompagne toutes les maladies aiguës.

G.

GALE.

La gale du chat est engendrée par le *sarcoptes cati.*

Elle attaque d'abord la tête et les oreilles, ensuite les membres et de là gagne toutes les parties du corps.

Les jeunes chats sont particulièrement prédisposés à cette affection.

On voit d'abord apparaître des petites papules vésiculaires qui provoquent un prurit considérable. Bientôt ces papules disparaissent pour faire place à des plaques dépourvues de poils qui, d'abord isolées, se réunissent les unes aux autres et prennent l'aspect croûteux et furfuracé.

Cette affection est assez tenace; d'abord limitée à la tête et aux oreilles, elle gagne de proche en proche et finit par envahir tout le tégument interne. Le chat est triste, perd l'appétit, maigrit et parfois meurt dans le marasme.

Traitement. — Frictionner les parties malades, trois fois par jour, avec la pommade ci-après :

Soufre . . . . . 10 grammes.
Axonge. . . . . 30 grammes.

Laver les parties les plus malades avec de l'eau fortement saturée d'acide sulfurique après les avoir préalablement frottées avec une brosse dure et sèche propre à rompre les vésicules.

Puis plonger l'animal dans des bains de Barèges ou sulfureux.

Remarque. — Éminemment contagieuse du chat au chat, cette maladie l'est encore de ce dernier animal à l'homme.

GASTRITE.

Cette affection se déclare rarement d'elle-même chez l'animal qui nous occupe. Elle est généralement accidentelle et provoquée par un coup, une chute, un empoisonnement ou la présence de corps étrangers tels que ces pelotes de poils feutrés qu'on rencontre si fréquemment dans l'estomac du chat.

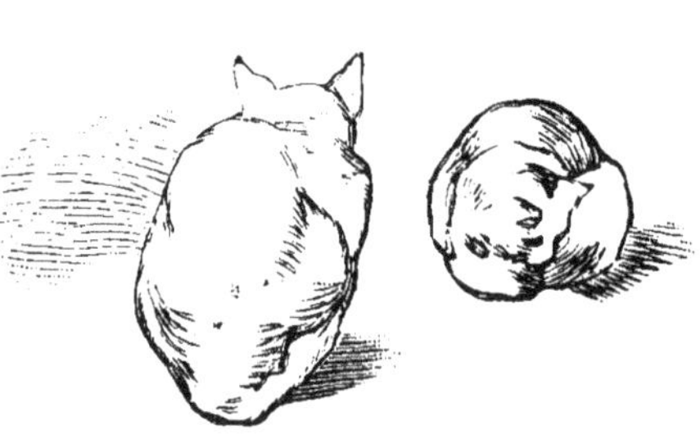

L'animal perd l'appétit et vomit fréquemment. La langue est rouge et sèche, les papilles qui la recouvrent, violemment congestionnées sont dures et hérissées.

Les vomissements sont tantôt bilieux tantôt sanguinolents; on constate, en outre, des alternatives de diarrhée et de constipation. Le pouls est petit, dur et serré, les urines sont rares, la peau est sèche et le poil piqué.

Traitement. — S'il y a eu empoisonnement, faire vomir la bête immédiatement; au contraire, si le mal ne tient point à cela, empêcher autant que possible les vomissements et soumettre le malade à un régime rafraîchissant, laitage, eau de graine de lin miellée, etc.

GOURME.

On donne généralement ce nom à une affection tributaire de la jeunesse.

Elle est caractérisée par la présence de croûtes jaunes, plus ou moins épaisses, qui se forment sur la tête, le pourtour des lèvres et du nez, le derrière des oreilles et la face interne des cuisses.

Ces croûtes sont engendrées par de petites vésicules pleines d'eau ou de pus; bientôt les vésicules se crèvent, le liquide s'en échappe et en se desséchant durcit et se concrète.

Quand les croûtes sont en grand nombre, elles provoquent un écoulement fort abondant et d'odeur infecte.

Souvent, comme phénomène concomitant, apparaît une inflammation catarrhale des premières voies respiratoires, caractérisé par un jetage muco-purulent et par une toux grasse et fréquente.

Cette complication est des plus graves.

C'est de la sixième semaine au quatrième mois que se montre, d'ordinaire, la gourme des jeunes chats.

Traitement. — Appliquer sur toutes les parties malades une pommade composée de parties égales d'axonge et de cresson bien pilé et bien écrasé. Purger, de temps en temps, avec de la manne délayée dans du lait.

S'il y a complication du côté des organes de la respiration, administrer, de deux heures en deux heures, une cuillerée à café du looch suivant :

Looch blanc. . . . . 100 grammes.
Kermès minéral. . . 5 centigr.
Sirop de pavots. . . 20 grammes.

GRIPPE.

Cette affection n'est pas rare chez le chat.

Elle est caractérisée par une toux intense et un abattement général.

La bête porte bas la tête et laisse échapper de la gueule une salive filante et visqueuse, tandis qu'un jetage abondant, parfois mêlé de sang, s'écoule par le nez.

A ces symptômes généraux se joignent de l'anxiété et de la prostration : le poil se sèche et se hérisse et la toux se produit sous la forme de quintes violentes.

Traitement. — Tisanes pectorales édulcorées avec le sirop diacode, lavements émollients, diète ou demi-diète suivant les cas, température chaude.

II.

HÉMORRHAGIE.

On combat les hémorrhagies *internes* par les boissons froides, acidulées, astringentes, par l'eau de Rabel et le perchlorure de fer.

Les compresses imbibées de perchlorure de fer, la cautérisation au fer rouge suffisent souvent pour arrêter les hémorrhagies *superficielles.*

Si de gros vaisseaux sont ouverts, tamponner, ou essayer la ligature.

I.

INDIGESTION.

L'indigestion est, dans la presque totalité des cas, le résultat d'une alimentation en excès ou de mauvaise qualité, ou bien encore d'un trouble apporté dans les fonctions de l'estomac par un refroidissement ou des exercices violents après le repas.

L'indigestion n'est pas, à proprement parler, une maladie mais c'est un état qui en est proche et qui peut, à de certains moments, devenir la cause d'accidents plus ou moins graves.

Elle se traduit par un malaise général, le dégoût des aliments, la sécheresse et l'empâtement de la bouche, des nausées et des vomissements.

Lorsque les aliments indigérés ont passé dans les intestins on constate, en outre, des coliques, des borborygmes, des expulsions de gaz par l'anus, puis des évacuations de matières âcres et infectes.

Traitement. — La première chose à faire est de provoquer par le vomissement la sortie des matières que renferme l'estomac. Une fois que les aliments auront été rendus, administrer 10 ou 15 grammes de sel de Sedlitz et ensuite un lavement auquel on ajoutera trois ou quatre cuillerées à café d'huile d'olives.

L.

LEUCORRHÉE.

Cette dénomination sert à désigner le catarrhe de la muqueuse utéro-vaginale.

Cette maladie est très fréquente chez les vieilles chattes.

Elle est caractérisée par l'écoulement d'un liquide semblable à du blanc d'œuf et quelquefois mêlé à du pus de couleur jaune ou verdâtre.

Lorsque cet écoulement est abondant, la bête ne tarde pas à tomber dans un état complet d'épuisement.

Traitement. — Pilules de fer, de quinquina ; injections astringentes avec une décoction de feuilles de noyer et d'écorce de chêne (10 grammes pour 250 grammes d'eau).

LUXATIONS.

Autant les fractures sont rares chez le chat, autant les luxations sont communes chez cet animal.

On entend, comme on sait, par luxation, les déplacements des parties osseuses qui composent les articulations.

Elles reconnaissent pour causes des chutes, — et nul animal n'y est plus exposé que le chat, — des coups, des efforts musculaires exagérés, etc.

Les lésions qui caractérisent la luxation sont la déformation de l'articulation, l'allongement ou le raccourcissement du membre, le changement de rapport des surfaces articulaires.

Nous avons dit que les luxations sont chez le chat plus fréquentes que les fractures. Ceci s'explique par l'élasticité si remarquable de tous les tissus chez cet animal. Au moment de la chute les parties ligamenteuses se distendent, les surfaces articulaires n'étant plus maintenues se déplacent, et, neuf fois sur dix, on constate une luxation plutôt qu'une fracture.

Traitement. — Les luxations doivent être immédiatement réduites. Mais il n'y a que l'homme de l'art qui puisse pratiquer cette réduction. En l'attendant, on fera bien de recouvrir l'articulation de compresses d'eau froide ou salée.

N.

NÉVRALGIES.

Les névralgies sont assez communes chez le chat.

Il n'en pouvait être autrement avec une bête si éminemment nerveuse, si remarquablement impressionnable.

Mais s'il est possible de constater la présence des douleurs névralgiques, il est presque toujours impossible de reconnaître leur siège.

Aussi, n'en parlerons-nous que pour mémoire, nous contentant d'indiquer le traitement le plus propre à les combattre.

Traitement. — Faire inhaler à l'animal quelques gouttes d'éther ou d'ammoniaque et frictionner la partie sensible avec de l'eau-de-vie camphrée ou du baume tranquille.

A l'intérieur on peut administrer la potion suivante :

Térébenthine.	1 gramme.
Eau de menthe.	25 grammes.

Éther sulfurique . . . . 1 gramme.
Sirop de gomme . . . . 10 grammes.

A faire prendre par cuillerées à café toutes les heures.

O.

OBÉSITÉ.

Essentiellement paresseux par tempérament, le chat est très sujet à l'obésité.

Si un peu d'embonpoint est le signe de la santé, par contre l'accumulation du tissu graisseux au sein des organes peut devenir la cause d'un grand nombre de maladies.

Il est, en effet, des circonstances où la graisse s'amasse en quantité considérable dans certaines régions. Ce fait n'est pas rare chez le chat, particulièrement chez celui qui a subi l'opération de la castration.

Traitement. — Si l'animal est encore jeune, on peut, en réglant convenablement sa nourriture, arriver à enrayer le mal, mais s'il est âgé, rien ne peut guérir l'obésité.

ŒIL (*maladies de l'*).

Les seules maladies de l'œil qu'on constate chez le chat sont la *conjonctivite* et *l'ophtalmie*.

Conjonctivite. — C'est l'inflammation de la conjonctive. On voit celle-ci se boursoufler et former autour de la cornée un bourrelet circulaire rouge et saillant.

Si le mal est peu intense, on peut se contenter de lotionner l'œil avec de l'eau de plantain, de mélilot ou de roses; s'il est violent, il faut recourir aux lumières du praticien car si cette affection n'est pas traitée convenablement, elle peut, en quelques jours, faire naître de tels accidents que la vue peut être à jamais altérée ou compromise.

Ophtalmie. — C'est l'inflammation de tout le globe oculaire.

Nous n'avons qu'à répéter au sujet de cette maladie ce que nous avons dit à propos de la conjonctivite.

P.

PALPITATIONS.

On donne ce nom à des battements du cœur

plus fréquents, plus étendus et plus violents qu'ils ne le sont à l'état normal.

Les palpitations sont, le plus souvent, occasionnées par de graves affections du poumon et du cœur. Parfois, cependant, il arrive qu'une circonstance accidentelle telle qu'une peur excessive, une émotion trop violente, une course trop rapide provoquent des mouvements désordonnés du cœur. Ceux-ci se distinguent des précédents en ce sens qu'ils ne sont que passagers.

Traitement. — Les moyens curatifs varient suivant les causes qui déterminent les palpitations.

En général, cependant, le repos et l'administration de quelques gouttes d'éther dans un peu d'eau sucrée suffisent à les calmer.

PHTISIE.

La phtisie s'observe assez communément chez le chat.

Elle est généralement méconnue dans son principe, de sorte que, faute de précautions qui pourraient en enrayer la marche, elle fait en peu de temps de rapides et réels progrès.

Elle est caractérisée par une toux sèche, opiniâtre, revenant et disparaissant, en quelque sorte à des intervalles réguliers, sans qu'il soit possible d'attribuer à ces symptômes une cause nettement définie.

Cette toux s'accompagne, d'ordinaire, d'une expectoration muqueuse, claire et filante, associée, un peu plus tard, à quelques globules de pus et de sang.

La bête maigrit, et perd chaque jour de ses forces. La respiration se raccourcit et la fièvre s'accentue surtout le soir.

On constate une diarrhée persistante, accompagnée de digestions pénibles.

A une période plus avancée du mal, tous ces symptômes s'exagèrent : la toux devient plus fréquente, il y a des accès de quintes qui durent des heures entières et s'opposent au sommeil ; le jetage plus abondant est jaunâtre, diffluent, parfois mélangé de matières caséeuses desséchées ou de fragments organiques qui semblent des parties de poumon.

La fièvre apparaît sans discontinuer, la diarrhée et la suppuration épuisent le malade. Il tombe alors dans le marasme, puis succombe.

La phtisie peut durer six mois, un an, deux ans, rarement plus. Les soins les plus assidus, les traitements les mieux suivis restent le plus souvent sans influence et le mal, continuant sa marche, aboutit, dans la presque totalité des cas, à un résultat fatal.

Traitement. — C'est surtout sur l'hygiène que doit porter le traitement.

Une température chaude, régulière et constante est ce qu'il y a de plus désirable. L'alimentation, elle aussi, doit être l'objet d'une attention spéciale.

Quant aux médicaments, il n'en est aucun, — encore qu'on en ait essayé un grand nombre, — qui jouisse de quelque efficacité.

R.

RACHITISME.

Cette maladie est particulière aux jeunes chats; elle attaque de préférence les animaux à robe blanche.

Elle procède généralement des extrémités; on voit successivement les rayons des membres se courber, le ventre grossir et les jointures prendre un développement quelquefois double de l'état ordinaire.

Lorsque le mal n'est pas arrêté à temps par un traitement approprié, il se complique de graves altérations qui peuvent entraîner la mort de l'animal.

Traitement. — Lorsque le chat est tout jeune on peut faire rétrograder le mal à l'aide d'une bonne nourriture et d'une alimentation tonique.

Le médicament qu'on peut considérer comme le spécifique de cette affection est l'huile de foie de morue.

RAGE.

Cette maladie est particulière aux animaux de l'espèce canine, mais elle se transmet au chat par inoculation.

Caractères. — Au début le chat est triste, inquiet, incapable de tenir en place.

Bientôt, cette inquiétude s'exagère pour faire place à une irritabilité excessive. Les yeux deviennent hagards, brillants; l'animal, pris d'un besoin impérieux de liberté, quitte la maison familière pour se réfugier en quelque endroit désert. S'il ne peut y réussir il va se blottir, pour y mourir, dans un coin abandonné, car, à l'excitation générale ont succédé la prostration, la faiblesse, et la mort survient par paralysie.

Traitement. — Dès qu'on soupçonne l'existence du mal, il faut se hâter de faire abattre l'animal.

N. B. — Il ne faut pas oublier que, chez le chat enragé, la griffe peut être aussi redoutable que la dent, car en léchant ses pattes il peut les imprégner plus ou moins de sa salive empoisonnée.

S.

SCORBUT.

Le scorbut attaque assez souvent le chat.

C'est, en quelque sorte, une maladie cachectique, caractérisée par des hémorrhagies multiples, un ramollissement particulier des gencives et un affaiblissement général.

Une température froide et humide, la malpropreté, une nourriture mauvaise ou insuffisante, telles sont, d'ordinaire, les causes du mal.

Caractères. — Quand on entr'ouvre les lèvres, on constate que les gencives sont rouges, molles, tuméfiées et saignent au moindre contact. L'haleine est fétide et l'animal est plongé dans un complet état de tristesse.

A une période plus avancée, se manifestent des symptômes plus graves : les membres inférieurs se tuméfient et les lèvres se couvrent d'ulcères à bords boursouflés et durs, laissant suinter un liquide noirâtre, fétide, sanguinolent. Les forces tombent tout à fait et le chat ne tarde pas à succomber.

Traitement. — C'est en partie à l'hygiène qu'il faut demander des moyens curatifs; tels sont les soins de propreté, l'habitation dans un local sec et bien éclairé.

T.

TUMEURS.

Notre intention n'étant pas de passer en revue toutes les altérations nutritives qu'on désigne sous l'appellation générique de tumeurs, nous nous contenterons d'en signaler deux, qu'on rencontre assez communément sur le chat.

La première, c'est l'*adénome*, cette tumeur glandulaire des mamelles si fréquente chez les vieilles chattes et qui est constituée par une augmentation des éléments de la glande normale.

C'est une tumeur tantôt ferme et résistante, d'autres fois, molle et vasculaire, mais qui n'est pas de nature cancéreuse.

Traitement. — Le seul traitement à opposer à cette tumeur est d'en effectuer l'ablation.

La seconde tumeur dont nous devons nous occuper ici est le *carcinome* des lèvres. Celle-ci est une véritable tumeur cancéreuse qu'on rencontre tantôt à la lèvre supérieure, tantôt à l'inférieure.

Traitement. — Exister la tumeur par couches à l'aide du bistouri, puis cautériser au fer rouge.

Comme tous les cancers, le *carcinome* de la lèvre, chez le chat, est sujet à récidiver plus ou moins promptement.

U.

ULCÈRES.

On appelle vulgairement *ulcères* des plaies de mauvaise nature qu'il faut toujours combattre énergiquement afin de modifier l'inflammation dont elles sont le siège, et, partant, leur marche envahissante à travers les tissus.

Traitement. — La pommade suivante jouit d'une certaine efficacité.

Camphre en poudre. . .	4 grammes.
Charbon préparé.	15 grammes.
Poudre de quinquina. . .	10 grammes.
Onguent basilicum. . . .	30 grammes.

Trois applications par jour.

V.

VERS.

Le chat, comme les autres animaux domestiques, héberge dans la profondeur de certains organes des parasites connus sous le nom d'*helminthes* (*vers, entozoaires*).

C'est ainsi qu'on rencontre dans l'estomac : l'*ascaris mystax* et le *dochmius tubæformis* appartenant l'un et l'autre à la classe des nématoïdes ;

Dans l'intestin grêle le *tœnia elliptica* et le *tœnia*

pseudo-elliptica, ce dernier, signalé, pour la première fois, par le professeur Baillet, de Toulouse; — le *tœnia crassicolis* et enfin, le *botriocephalus decipiens*, décrit par Diésing, tous appartenant à la classe des cestoïdes.

Dans le foie le *pentastoma denticulata*, trouvé par Van Beneden, qui le considère, non comme un ver, mais comme un crustacé.

Tous ces entozoaires se rencontrent particulièrement chez les animaux jeunes et lymphatiques, plus rarement chez les adultes.

Leur présence dans l'organisme donne lieu à une série de troubles fonctionnels plus ou moins accusés, suivant l'âge et le tempérament de l'animal, suivant encore la place qu'ils occupent au sein des organes.

Les principaux signes de la présence des vers sont les suivants : dégoûts instantanés, vomissements (les ascarides), coliques, nausées, augmentation de l'appétit, dilatation des pupilles, irrégularité du pouls et, dans quelques cas, convulsions épileptiformes (tœnias).

Traitement. — La santonine à la dose de 20 centigrammes pour 4 pilules, prises en deux jours, et la kousséine, administrée dans les mêmes conditions, sont les meilleurs vermifuges à employer

— la première contre les ascarides, — la seconde contre les tœnias et le botriocéphale.

Mais on doit toujours aider l'action de ces médicaments d'une petite dose d'huile de ricin (de 15 à 20 grammes) donnée deux heures après la dernière pilule.

TABLE DES MATIÈRES.

15.

CHAPITRE VI.

RACES SAUVAGES.

CHAPITRE VII.

RACES DOMESTIQUES.

CHAPITRE VIII.

CHATS FOSSILES.

DEUXIÈME PARTIE.

HYGIÈNE.

CHAPITRE PREMIER.

DOMESTICITÉ.

CHAPITRE II.

DU RÉGIME ALIMENTAIRE.

CHAPITRE III.

REPRODUCTION.

CHA ITRE IV.

ÉDUCATION.

CHAPITRE V.

DE LA CONNAISSANCE DE L'AGE.

CHAPITRE VI.

USAGES ET PRODUITS.

TROISIÈME PARTIE.

MALADIES.

FIN.

www.ingramcontent.com/pod-product-compliance
Ingram Content Group UK Ltd.
Pitfield, Milton Keynes, MK11 3LW, UK
UKHW020544180726
13838UKWH00001B/24